老年人学智能手机

龙马高新教育 ◎ 编著

U0299833

人民邮电出版社
北 京

图书在版编目（CIP）数据

老年人学智能手机 / 龙马高新教育编著. -- 北京：
人民邮电出版社，2023.10
ISBN 978-7-115-62364-5

Ⅰ．①老…　Ⅱ．①龙…　Ⅲ．①移动电话机－中老年读
物　Ⅳ．①TN929.53-49

中国国家版本馆CIP数据核字（2023）第136635号

内 容 提 要

　　本书通过生动的语言和通俗易懂的讲解，帮助老年人轻松掌握智能手机的使用技能，让他们享受
数字化生活的便利和乐趣。

　　全书分为9章，主要内容包括让手机更好用的设置功能、手机功能进阶使用技巧、手机中应用的
安装与管理、微信日常使用技巧、利用手机休闲娱乐、使用手机进行支付和购物、日常健康医疗、玩
转交通出行、防范电信诈骗。

　　本书不仅适合智能手机入门的初学者，还适合对智能手机功能有一定了解但希望深入学习更多技
巧和应用的用户，也可以作为老年大学的教材或辅导用书。

◆ 编　著　龙马高新教育
　　责任编辑　李永涛
　　责任印制　胡　南
◆ 人民邮电出版社出版发行　　北京市丰台区成寿寺路 11 号
　　邮编　100164　电子邮件　315@ptpress.com.cn
　　网址　https://www.ptpress.com.cn
　　北京九州迅驰传媒文化有限公司印刷
◆ 开本：787×1092　1/16
　　印张：10.25　　　　　　　　2023 年 10 月第 1 版
　　字数：140 千字　　　　　　2025 年 5 月北京第 6 次印刷

定价：49.90 元
读者服务热线：(010)81055410　印装质量热线：(010)81055316
反盗版热线：(010)81055315

本书能让你学会什么？

手机的基本操作与使用技巧

有效地管理手机应用和存储空间

掌握微信的日常使用技巧

体验休闲娱乐、购物消费、医疗健康及交通出行等多场景的手机应用

防范电信诈骗

随着智能手机的普及，越来越多的老年人也开始喜欢上使用智能手机。智能手机不仅可以帮助老年人解决问题，方便他们的生活，并且能够促进家庭氛围和谐、提供休闲娱乐。

本书从实用的角度出发，结合老年人生活的各个方面，用通俗易懂的方式介绍了掌握智能手机操作的方法。通过学习本书，老年人可以在短时间内轻松掌握智能手机的各种使用技能。

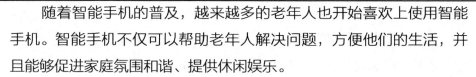 内容导读

全书共 9 章，主要包括以下内容。

第 1 章 让手机更好用的设置功能： 介绍了手机桌面、状态图标、设置功能界面、触屏操作技巧、手势操作技巧、三键导航模式、调大字体、调亮屏幕、设置壁纸等内容。

第 2 章 手机功能进阶使用技巧： 介绍了切换为手写输入法、复制与剪切文本、截屏、手电筒、闹钟、日历、笔记、电话等使用技巧。

第 3 章 手机中应用的安装与管理： 介绍了应用的安装、升级、卸载，图标的管理，应用的切换、关闭、清理，以及手机管家的使用等内容。

第 4 章 微信日常使用技巧： 介绍了修改微信的信息、备注好友、分享名片、发送视频、使用微信群聊 、发布朋友圈、绑定银行卡、钱包充值与提现、发红包及微信转账等内容。

第 5 章 利用手机休闲娱乐： 介绍了手机拍照、使用浏览器搜索信

息、听音乐和戏曲、追剧和看电影、听收音机和有声小说、看短视频及玩斗地主等内容。

第 6 章 使用手机进行支付和购物：介绍了微信支付、支付宝支付、银行卡转账、充值话费、缴纳水电气费及网上购物等内容。

第 7 章 日常健康医疗：介绍了合理控制手机使用时长、学健身、预约挂号、查看检查报告、使用电子医保支付医药费及线上买药等内容。

第 8 章 玩转交通出行：介绍了公共交通路线查询、扫码乘车、呼叫网约车及购买火车票等内容。

第 9 章 防范电信诈骗：介绍了电信诈骗的常见手段、如何安全使用手机及"国家反诈中心"的使用方法等内容。

❀ 本书特点

务实的案例设计：本书紧扣实际应用，通过案例进行讲解，同时提供了丰富的拓展练习，满足老年人的实际需求。

丰富的图文示范：本书所有案例的操作，均配有对应的插图，以便老年人在学习过程中直观、清晰地看到操作的过程和效果，让学习过程更加轻松愉快。

实用的拓展技巧：本书在每章的最后以"高手私房菜"的形式为老年人提炼了各种实用的手机操作技巧，以便老年人学到更多的内容。

❀ 读者对象

本书适合希望尽快学会并灵活掌握智能手机使用方法的老年人阅读，也可以作为老年大学的教材或辅导用书。

❀ 关于我们

本书由龙马高新教育策划，赵源源编写。由于作者水平有限，书中疏漏和不足之处在所难免，欢迎广大读者朋友批评指正。

编者
2023 年 8 月

目录

第4章　微信日常使用技巧 / 65

让手机更好用的设置功能

学习目标

要熟练操作手机，学会手机的设置是第一步。

对老年人而言，手机的信息安全尤为重要，学会手机设置，才能甄别手机给出的提示，进而提高操作的体验感，让手机显示符合老年人的爱好。在一定程度上，顺利操作手机，也可以保证老年人的财产安全。

学习内容

✿ 认识手机的桌面和状态图标

✿ 学会手机触屏操作和全屏手势

✿ 学会调整手机字体、屏幕亮度

✿ 掌握设置壁纸、声音操作

✿ 掌握手机联网操作

✿ 设置手机密码

1.1 了解智能手机的桌面

打开手机，首先映入眼帘的就是手机的主屏。

（1）主屏

手机主屏就是打开手机屏幕后，看到的第一张界面，也称为桌面。默认情况下，主屏包括通知与控制中心、桌面小部件、应用图标、快速启动区域4部分，如下图所示。

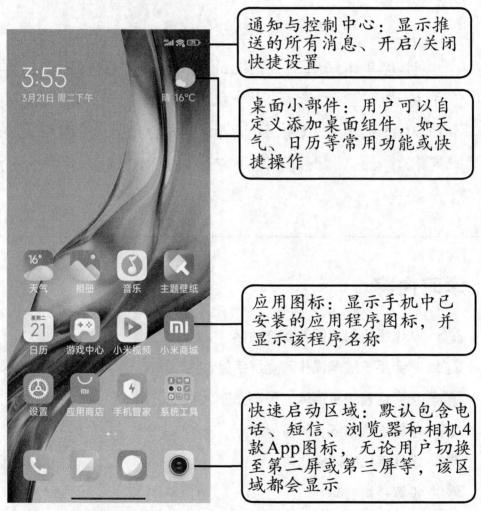

通知与控制中心：显示推送的所有消息、开启/关闭快捷设置

桌面小部件：用户可以自定义添加桌面组件，如天气、日历等常用功能或快捷操作

应用图标：显示手机中已安装的应用程序图标，并显示该程序名称

快速启动区域：默认包含电话、短信、浏览器和相机4款App图标，无论用户切换至第二屏或第三屏等，该区域都会显示

（2）负一屏

在桌面上向右滑动，进入负一屏，负一屏就是在桌面最左边加的一页，也称作智能助理，下页图所示为负一屏界面。

搜索框，可以对手机进行全局搜索

快捷功能，可根据需要增减

小部件模块，用户可以根据需要进行添加或删除

随着智能手机能完成的任务越来越丰富，智能助理桌面可以把经常用到的功能和信息全都整合到一起，让用户使用起来更加方便快捷。

❶ 在负一屏界面中，点击【添加小部件】按钮，如左下图所示。

❷ 在弹出的【添加小部件】界面中，用户可以通过向下滑动的形式，浏览更多的小部件，并可根据需要选择并添加，如右下图所示。

点击，可增减快捷区域的功能

添加小部件

【添加小部件】界面

❸ 在负一屏界面中，长按桌面上的小部件，在弹出的选项中，可以对其进行编辑或移除操作，如选择【编辑】选项，如左下图所示。

❹ 进入【快捷功能编辑】界面，如右下图所示，点击➖按钮，可删除已添加的快捷功能，在下方点击要添加的功能右上角的➕按钮，可以将其添加至快捷功能区域。

 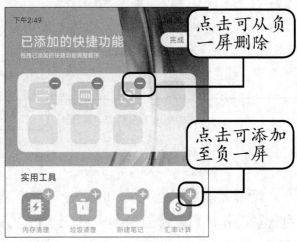

（3）通知与控制中心

在桌面上，用手指按住屏幕顶部状态栏的左侧区域，并向下滑动，会打开通知栏，其用于显示各类App推送的通知信息，如左下图所示。若下拉状态栏右侧区域，则可查看控制中心面板，里面列出了移动数据、无线网络连接、蓝牙、静音等按钮图标，可以用于快速设置手机的常用功能，如右下图所示。

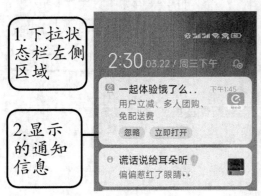 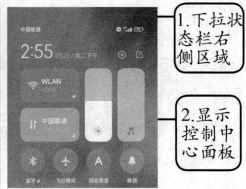

> **提示** 部分手机系统也会将通知和控制中心融合为一个界面，用户在屏幕顶部下拉状态栏即可同时显示通知和控制中心。

在通知栏中，展示了App推送的通知信息，向右滑动某个信息，即可将该信息从通知栏中删除，如左下图所示；点击通知栏中的【不重要通知】选项，可以查看系统自动收纳的信息；点击◉按钮，可以清除通知栏中的所有通知信息，如右下图所示。

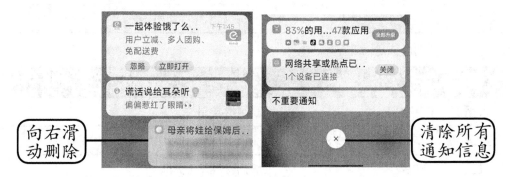

在控制中心中，通过点击面板上的图标，可以启用或调整该功能，明亮显示表示该功能为开启状态，反之则为关闭状态。另外，长按面板上的图标，可以进入相应的设置界面，如下图所示。

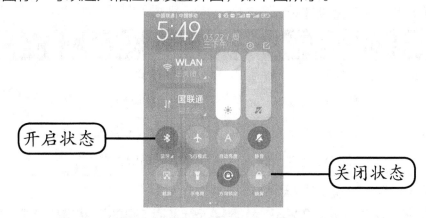

1.2　手机常用状态图标的作用

在状态栏会显示各种图标，认识各种图标可以更好地识别手机状态，如下页表所示。

（1）网络状态类图标

图标	名称	含义
	未插入 SIM 卡	未插入 SIM 卡，或 SIM 卡未识别
4G	4G 信号	此时使用的是 4G 信号
5G	5G 信号	此时使用的是 5G 信号
5G	5G 信息传输	在 5G 信号下传输信息
HD	HD 模式	此时开启了高清通话
	Wi-Fi 信号	此时使用的是无线网络信号

（2）电池状态类图标

图标	名称	含义
49	手机电量	显示剩余电量
9	低电量	此时电量较低，需及时充电
	无电量	此时手机将马上关机
47	充电状态	普通充电模式，速度慢
49	快充状态	使用快充设备充电，充电速度快

（3）设备连接类图标

图标	名称	含义
	开启蓝牙	已开启蓝牙功能
	连接蓝牙	正在与蓝牙设备连接
	连接耳机	已连接上耳机，仅能听到声音，但不能发语音
	已连接带麦克风的耳机	可听声音、发语音

（4）手机设置类图标

图标	名称	含义
	飞行模式	开始了飞行模式，无法传送数据
	闹钟	开启了闹钟，到时会自动响铃提醒

续表

图标	名称	含义
🔇	静音模式	关闭所有声音
🌙	勿扰模式	不接受任何电话及消息

（5）App操作图标

除了状态栏显示的图标外，下表罗列了常见的App操作图标。

图标	名称	含义
🔍	搜索	点击可输入搜索内容
✕	关闭	关闭当前显示的画面
♡	喜欢	点击表示喜欢
＜	返回	返回上一个界面
＞	前往	前往下一个界面
🛒	购物车	点击可显示购物车中的物品
🗑	垃圾桶	删除操作或放置删除的内容
▣	扫一扫	扫描二维码，可付款或添加好友
⋯	更多	点击会显示更多设置、操作选项
🎧	客服	点击可进入 App 的客服聊天界面

1.3 熟悉手机的设置界面

熟悉手机的设置界面，可以帮助用户快速根据需求进行相关设置。

❶ 在主屏界面点击【设置】按钮，如下图所示。

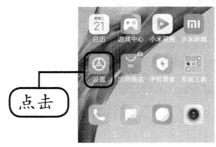

点击

❷ 即可进入【设置】界面，如下图所示。

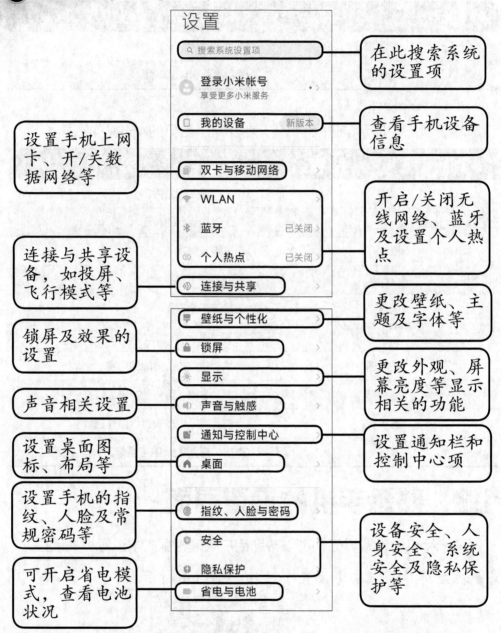

【设置】界面中的选项类目繁多，想要快速找到某项设置并不容易，可以通过搜索框查找，在搜索框中输入要设置的功能名称，如下页图所示，输入"字体设置"，在搜索结果中点击下方的第一个选项，即可进入【字体设置】界面。

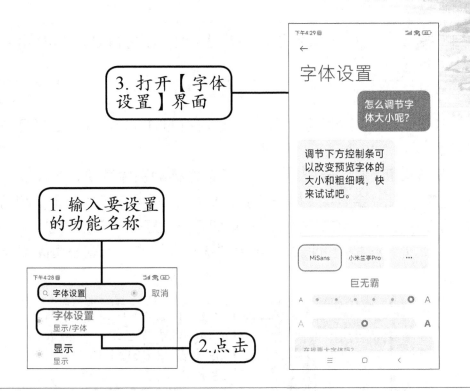

3. 打开【字体设置】界面

1. 输入要设置的功能名称

2. 点击

提示 如果不清楚设置的具体名称，可以使用模糊查找，在搜索框内输入要设置功能的简单描述或关键字，系统就可以匹配与关键字相关的设置选项。

1.4 常用的6种触屏操作技巧

智能手机的触屏操作给用户带来了高效流畅的操作体验和耳目一新的感觉。常用的操作有点击、长按、滑动、两指缩放、拖动和双击6种。

（1）点击

点击是用手指轻按对象后松开，点击可以在选中的同时打开该对象，如点击打开App、点击某一个菜单或选项、点击手机上的按钮等，如右图所示。

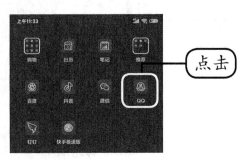

点击

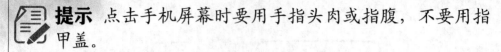

提示 点击手机屏幕时要用手指头肉或指腹，不要用指甲盖。

（2）长按

长按是按住某个图标、图片等1秒左右的时间，其作用是打开快捷菜单。

长按桌面上的App图标，可以开该图标的快捷菜单，如长按【微信】按钮图标，会显示【扫一扫】【收付款】【我的二维码】【卸载】等快捷菜单选项，点击快捷菜单选项即可快速打开对应的功能，如下图所示。此外，长按桌面图标并结合"拖动"操作，可调整桌面图标的位置。

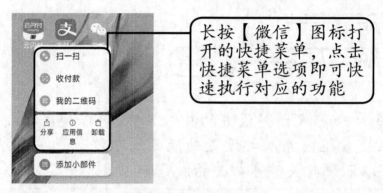

长按微信】图标打开的快捷菜单，点击快捷菜单选项即可快速执行对应的功能

长按短信、通话记录、联系人、接收的图片、链接等，可打开快捷菜单，执行"转发""收藏""编辑""多选""删除""批量删除"等操作，如下图所示。

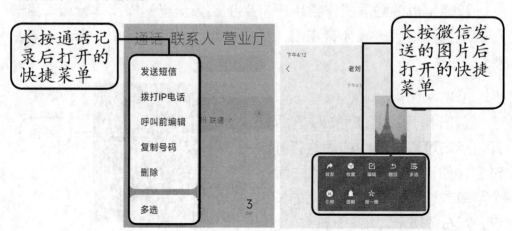

长按通话记录后打开的快捷菜单

长按微信发送的图片后打开的快捷菜单

（3）滑动

滑动是手指在屏幕上快速地左、右或上、下滑动，主要用于切换屏幕，或者在浏览图片或网站时用于翻页，如下图所示。

（4）两指缩放

两指缩放是两个手指同时放在屏幕上，做出分开或收聚的动作，作用是实现放大、缩小的效果，主要用于查看照片、视频等，如下图所示。

（5）拖动

拖动是按住某个部分，通过拖拉的方式来移动位置，可以将对象移动到需要的地方，如将某个程序拖动到其他屏幕上，或者拖入新建的文件夹中等，如下图所示。

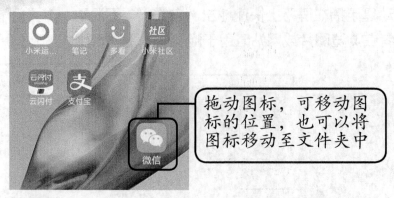

拖动图标，可移动图标的位置，也可以将图标移动至文件夹中

（6）双击

双击是连续两次点击，在照片等对象上双击可以放大显示，如下图所示。与"两指缩放"操作相比，"双击"会自动放大固定的比例，单指即可操作，而"两指缩放"的放大比例由两指滑动的幅度而定，需要一手的双指或两手各一指操作。

双击图片后的放大效果

1.5　全面屏手机的5种手势操作技巧

全面屏手机的底部没有导航栏（有些全面屏手机的底部会显示提示线），手机的操作全靠手势，使用5种手势，就可以完成各种操作。

（1）回到主屏

在任何界面下，从屏幕底部向上轻扫，即可返回主屏，如下页图所示。

2.返回主屏

1.从底部向上轻扫

（2）切换最近应用

从屏幕底部上滑并停顿一下，松开手指后，会显示最近应用界面，点击即可切换至相应的应用，如下图所示。

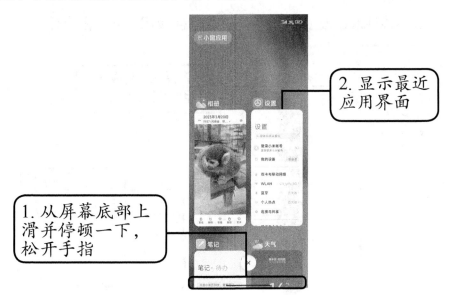

2.显示最近应用界面

1.从屏幕底部上滑并停顿一下，松开手指

（3）返回上一级

从屏幕左侧或右侧向内滑动，可以返回上一级，如在网页中可返回上一级页面，如果没有上一级，会自动关闭应用，如下图所示。

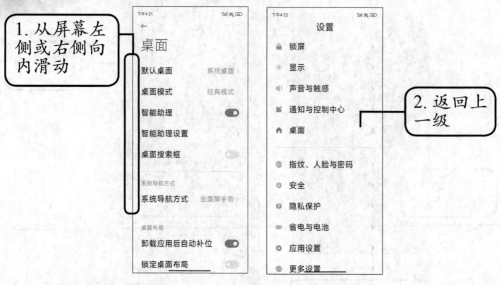

（4）触发应用功能

从屏幕上部左右边缘向内滑动，可触发应用功能（该功能并不常用），部分App不具备应用功能，则不会触发。

（5）快速切换应用

从提示线或底部左右滑动，可快速切换应用，如下图所示。

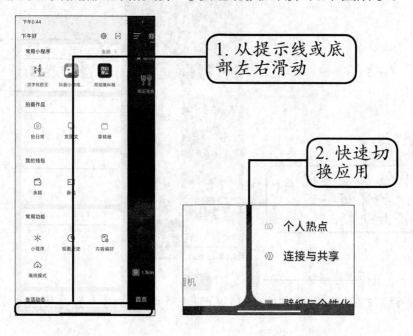

1.6 将手机切换为经典的三键导航模式

非全屏的手机，或用户不习惯全屏操作，可以使用经典导航模式。经典导航模式和全面屏模式可通过设置相互切换，操作步骤如下。

❶ 点击【设置】按钮，进入【设置】界面，点击【桌面】选项，如左下图所示。

❷ 进入【桌面】界面，点击【系统导航方式】选项，如右下图所示。

❸ 在【系统导航方式】界面，可以看到【经典导航键】和【全面屏手势】选项，点击【经典导航键】选项，如左下图所示。

❹ 手机切换为经典导航模式，在手机下方显示三个导航键，效果如右下图所示。

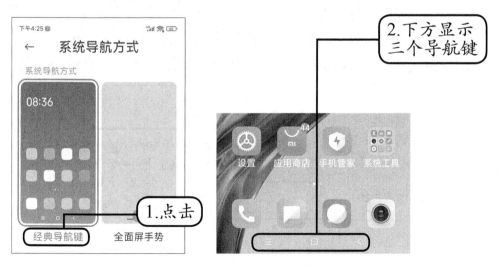

经典导航模式会在手机底部显示三个导航键，导航键及作用如下。

（1）【菜单】按钮 ☰

【菜单】按钮的作用类似于全面屏模式下的"切换最近应用"操作，在任何界面点击"菜单"按钮，即可显示最近的应用，如左下图所示。

（2）【主屏】按钮 ⬭

【主屏】按钮的作用类似于全面屏模式下的"回到桌面"操作，在任何界面点击【主屏】按钮，即可返回至桌面，如右下图所示。

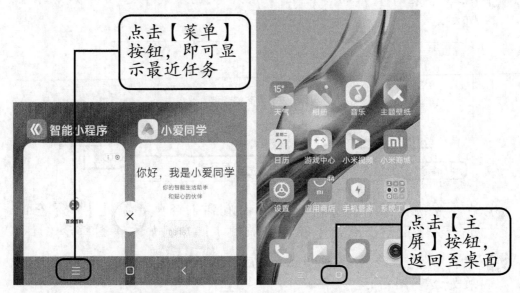

点击【菜单】按钮，即可显示最近任务

点击【主屏】按钮，返回至桌面

（3）【返回】按钮 ＜

【返回】按钮的作用类似于全面屏模式下的"返回上一级"操作，点击【返回】按钮，即可返回上一级界面，如果没有上一级界面，则关闭应用，如下图所示。

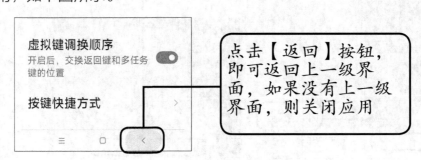

点击【返回】按钮，即可返回上一级界面，如果没有上一级界面，则关闭应用

1.7 字体：这样操作让字号再大一些

智能手机中默认的字号较小，对老年人，特别是视觉有障碍的老年人并不友好，可以将字号设置得大一些，方便查看。

1 点击【设置】按钮，进入【设置】界面，点击【显示】选项，如左下图所示。

2 进入【显示】界面，点击【字体设置】选项，如右下图所示。

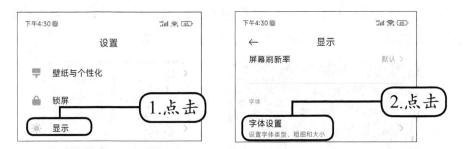

3 进入【字体设置】界面，向右滑动字体控制条，即可增大字号，如下图所示。

1.8 亮度：自由调节屏幕亮度

白天，屏幕亮度低，则看不清屏幕上的内容；晚上，屏幕亮度高，则会刺眼。可以手动调整屏幕亮度，也可以打开【自动调整亮度】功能，让手机能根据环境自动调节屏幕亮度。

1. 手动调节屏幕亮度

在桌面上用手指按住屏幕顶部状态栏右侧区域，并向下滑动，打开控制中心，在控制中心中可以看到亮度调节条，往下滑动，可减小屏幕亮度；往上滑动，可增大屏幕亮度，如下图所示。

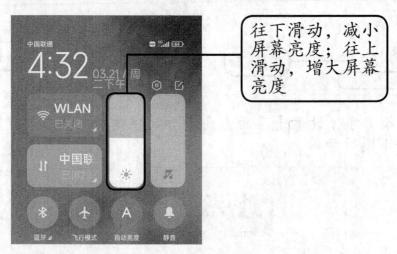

往下滑动，减小屏幕亮度；往上滑动，增大屏幕亮度

2. 打开【自动调整亮度】功能

打开手机的【自动调整亮度】功能后，手机会根据周围环境的明暗程度，自动调整屏幕亮度，打开【自动调整亮度】功能的操作如下。

❶ 点击【设置】按钮，搜索【亮度】功能，在搜索结果中点击【亮度】选项，如下页左图所示。

❷ 进入【亮度】界面，点击开启【自动调整亮度】按钮即可，如下页右图所示。

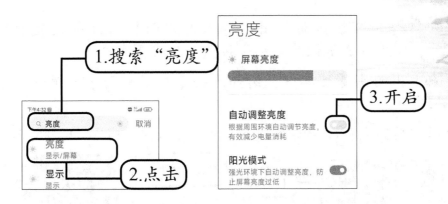

1.9　壁纸：设置喜欢的壁纸风格

如果感觉系统默认的壁纸不美观，可以将其修改为喜欢的壁纸。壁纸只是在桌面所显示的图片，而手机的显示风格，则需要通过更改主题来设置。主题可以改变桌面的外观，包括声音、图标样式等。

 提示 主题包含壁纸，且壁纸可独立于主题单独设置。

1. 将喜欢的照片设置为壁纸

如果希望将自己喜欢的照片设置为壁纸，可以参照以下步骤进行操作。

❶ 在相册中选择要设置为壁纸的照片，点击下方的【更多】按钮，如左下图所示。

❷ 在弹出的菜单中点击【设置为壁纸】选项，如右下图所示。

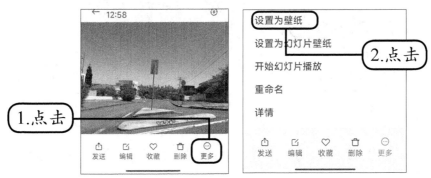

3 即可进入预览界面，用户可以左右调整图片来设置壁纸效果，然后点击【设为壁纸】按钮，如左下图所示。

4 在弹出的快捷菜单中，例如点击【应用桌面】选项，如中下图所示。

5 返回桌面主屏即可看到设置后的壁纸效果，如右下图所示。

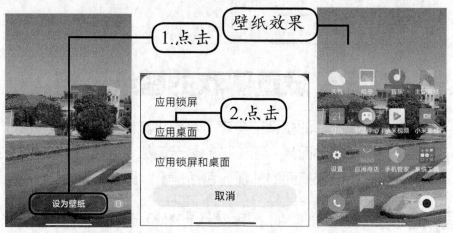

2. 使用手机系统自带的主题和壁纸

手机系统中自带了一些主题和壁纸，可根据需要浏览选择，具体操作步骤如下。

1 在主屏界面点击【设置】按钮，打开【设置】界面，点击【壁纸与个性化】选项，如左下图所示。

2 打开【壁纸与个性化】界面，点击【主题套装】按钮，如右下图所示。

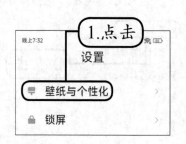
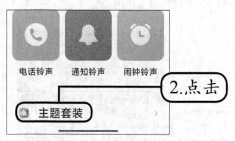

3 进入【个性主题】界面，其中显示了已下载的主题，点击

【我的主题】选项，可查看手机中下载的所有主题，这里点击【无界】主题，如左下图所示。

④ 进入主题浏览界面，点击【应用】按钮，如右下图所示。

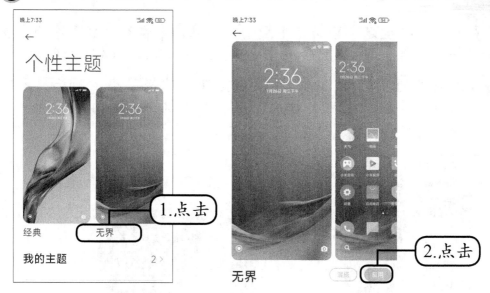

⑤ 等待配置完成后返回桌面，即可看到修改主题后的效果，桌面壁纸也会被更改，如下图所示。

修改主题后的效果，桌面壁纸也被更改

3. 下载更多主题或壁纸

如果系统自带的主题或壁纸没有喜欢的，可以下载更多的主题或壁纸。

❶ 在【个性主题】界面往下滑动，会显示【在线主题】界面，点击【全部主题】或底部的【更多主题】按钮，如左下图所示。

❷ 在打开的界面中，选择更多的主题。选择一个主题后，点击【下载】按钮，可将该主题下载到手机中，如右下图所示，然后可进行应用。

> 提示 下载主题或壁纸后，在【个性主题】界面点击【我的主题】选项，在【我的主题】界面即可查看已经下载过的主题样式，无须再次下载，即可直接应用。

1.10 声音：手机音量及铃声的设置

用户在使用手机的过程中，可以根据需要设置铃声的大小、开启静音模式及设置铃声效果等。

1. 设置手机音量

　　一般情况下，如在主屏界面或播放视频、音乐时，通过按音量加减键，可以调整多媒体音量；在来电时，通过按音量加减键，可以调整来电声音大小。另外，也可以在【声音】设置界面，设置手机的铃声、媒体及闹钟等音量大小。

❶ 在主屏界面点击【设置】按钮，打开【设置】界面，点击【声音与触感】选项，如左下图所示。

❷ 进入【声音】设置界面，用户可以在【音量调节】区域下，通过滑动调节条来调节不同类型声音的音量大小，调至最左侧为静音，最右侧为最大音量，如右下图所示。在调节时手机会播放相应的声音效果，以帮助用户确认音量大小。

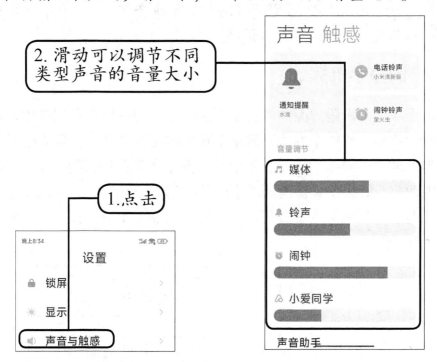

2. 开启静音模式

　　如果有重要事情或在休息时，不希望被来电铃声打扰，可以开启静音模式。

在【声音】设置界面的【声音模式】区域下，点击【静音模式】右侧的开关按钮，将其设置为"开" 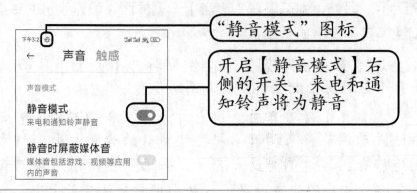，来电和通知铃声将为静音，此时状态栏则显示"静音模式"图标。如果希望将媒体音也同时设置为静音，则可将【静音时屏蔽媒体音】右侧的按钮设置为"开"，如下图所示。

"静音模式"图标

开启【静音模式】右侧的开关，来电和通知铃声将为静音

提示 如果仅需要将手机开启为静音模式，也可以在通知与控制中心中快速设置。

3. 调整手机振动

在【声音】设置界面的【振动】区域下，用户可以根据需求设置手机的振动效果。如果【响铃时振动】开关按钮为"开"，则来电时不仅有来电响声，还会振动提示；【响铃时振动】开关按钮为"关"，则仅有来电响声。如果【静音时振动】开关按钮为"开"，则手机设置为静音模式时，来电时会有振动提示；【静音时振动】开关按钮为"关"，则不会有任何提示。

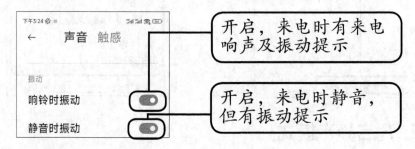

开启，来电时有来电响声及振动提示

开启，来电时静音，但有振动提示

4. 设置手机铃声

用户可以根据自己的喜好，为手机设置各种铃声。

1 打开【声音】设置界面，用户可以选择设置电话、闹钟及通知提醒铃声，如这里选择【电话铃声】选项，如左下图所示。

2 进入【电话铃声】界面，可以看到当前手机应用的铃声及手机自带的铃声，点击可以进行试听，如中下图所示。

3 点击【全部铃声】选项，可以看到更多铃声效果。用户可以选择在线铃声，也可以选择手机中的音乐文件作为铃声，这里点击【系统铃声】区域下的一个铃声，可以进行试听，若要设置为铃声，可以单击【应用】按钮，即可将其设置为铃声，如右下图所示。

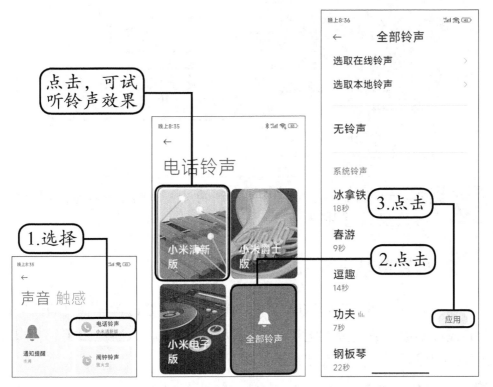

使用同样的方法，也可以设置闹钟铃声、通知提醒，这里不再一一讲述。

1.11 联网：手机移动网络功能的设置

手机的联网是困扰中老年人朋友的一个难题。例如，手机电话卡开通了流量，却不知道如何上网。掌握移动网络的开、关及设置尤为重要，本节将讲述移动网络的设置操作。

1. 开/关手机移动网络功能

用户下拉状态栏，打开控制中心，如果"移动网络"状态开关高亮显示，则表示移动网络处于启用状态，此时状态栏中对应的图标将变为连接网络状态 5G⃒⃒⃒⃒；如果未启用移动网络，手机网络图标则显示为 5G⃒⃒⃒⃒。两者的主要区别在于有没有数据传输符号 ⥮。如下图所示。

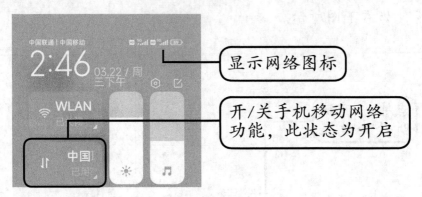

提示 一般情况下，各类品牌的手机都使用 ⥮ 表示移动网络快捷设置图标。

2. 设置默认上网卡

如果手机中插入了两张电话卡，我们往往需要设置一张开通流量功能的或移动数据流量多的电话卡作为默认上网卡，以避免串用，引起不必要的扣费问题，具体设置方法如下。

❶ 打开【设置】界面，点击【双卡与移动网络】选项，如下页左图所示。

❷ 进入下页右图所示界面，在【上网卡】区域下，点击要设置的卡1或卡2，如这里点击卡1，即表示将卡1设置为默认上网卡。

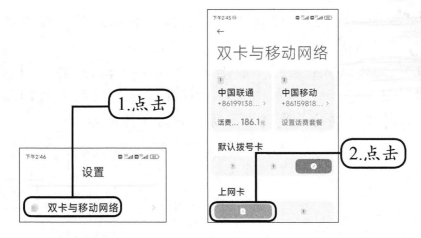

3. 启用5G网络功能

如果使用的手机是5G手机，需要确保启用了5G网络功能，这样才能具有更快的上网体验。

❶ 在【双卡与移动网络】界面，点击【5G网络】选项，如左下图所示。

❷ 进入【5G网络】界面，在默认上网卡区域下，将【启用5G网络】右侧的开关设置为"开"，即表示已启用5G网络功能，如右下图所示。此时，状态栏上的网络图标会由 4G.ıll 变为 5G.ıll。

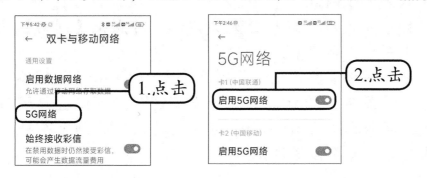

1.12 无线网络：手机连接无线网络

如今，基本家家户户都有无线网络，使用无线网络不仅可以获得更快的上网体验，还可以节省电话卡的数据流量。无论在家，还是在其他场所，无线网络是手机上网的首选。

❶ 下拉状态栏，打开控制中心，长按无线网络的快捷开关图标 📶，如左下图所示。

❷ 进入【WLAN】界面，点击【WLAN】右侧的开关按钮，将其设置为"开"，手机就会扫描并显示附近的无线网络，用户选择要连接的无线网络名称，如右下图所示。

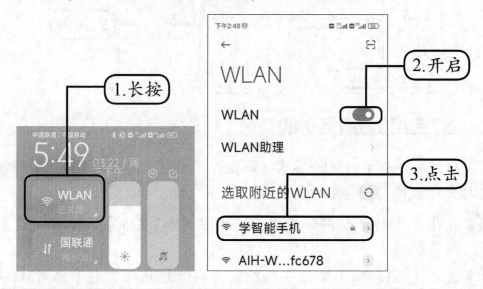

提示 WLAN 是无线局域网的简称，手机常用"WLAN"代表无线网络。

如果列表中没有要连接的无线网络，可点击【刷新】按钮进行重新扫描和搜索。

界面中，网络名称右侧如果带有🔒图标的，表示该网络有密码；如果没有该图标，则表示没有密码，可以直接连接，但是此类网络往往不安全，应慎重连接，否则容易被窃取个人信息，甚至被盗刷银行卡。

❸ 弹出连接对话框，在文本框中输入网络密码，然后点击【连接】按钮，如下页左图所示。

❹ 密码无误后即可连接该无线网络，此时状态栏会显示无线网络图标📶，如下页右图所示。

> **提示** 如果要关闭无线网络连接，点击【WLAN】右侧的开关按钮，将其设置为"关"即可。

1.13 密码：为手机设置指纹、人脸或密码锁屏

通过对手机设置密码，可以确保手机的隐私和使用安全。手机的密码可以分为常规密码、指纹和人脸等，下面介绍设置的方法。

1. 设置手机锁屏密码

手机锁屏密码主要用于解锁屏幕，是常规的解锁方式，其包括图案密码、数字密码和混合密码，设置方法如下。

❶ 在【设置】界面，点击【指纹、人脸与密码】选项，如左下图所示。

❷ 进入右下图所示界面，可以看到4种解锁方式，点击【密码解锁】选项。

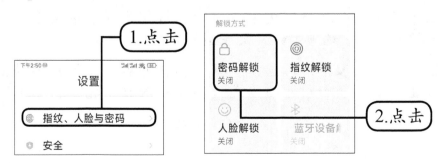

❸ 进入【设置锁屏密码】界面，可以看到3种方式，这里点击【图案密码】选项，如左下图所示。

❹ 进入右下图所示界面，界面中显示了9个点，用户可以拖曳手指进行绘制，至少连接4个点，绘制完成后，松开手指完成设置。

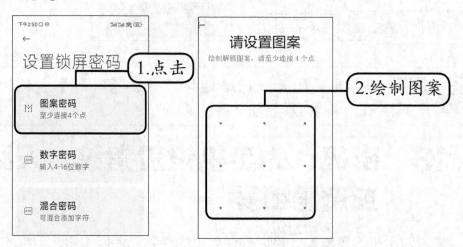

提示 在设置密码时，一定要选择自己能够记住的图案、数字组合或混合组合，否则忘记密码后，将无法解锁，只能将手机恢复到出厂状态进行解锁。

2. 添加指纹识别

添加指纹识别，不仅可以作为手机解锁屏密码，还可以作为微信、支付宝等软件的支付方式或登录方式。在添加指纹识别前，需要设置锁屏密码，然后再进行设置。

❶ 在【指纹、人脸与密码】界面的【解锁方式】区域下，点击【指纹解锁】选项，如下页左图所示。

❷ 进入指纹录入界面，选择一根手指，并按在指纹传感器上，通过反复按压和移开的方式，确保录入整个指纹，如下页右图所示。

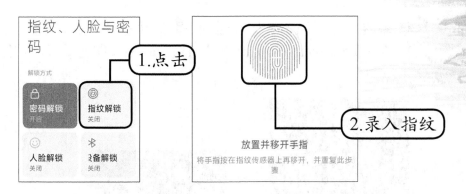

③ 提示"指纹录入成功"后，可以对指纹进行命名，然后点击【完成】按钮，如左下图所示。

④ 返回【指纹解锁】界面，即可看到添加的指纹。用户可以点击【录入指纹数据】选项，录入更多的指纹信息，也可以设置指纹识别的应用场景，如右下图所示。

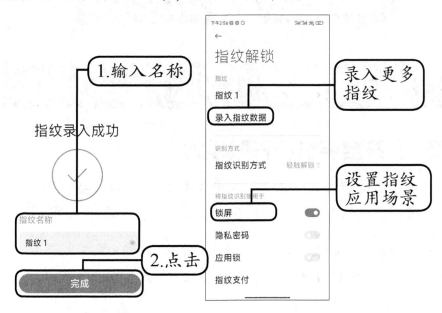

3. 添加人脸数据

将人脸数据录入手机，也可以代替密码，用来解锁屏幕或验证身份等。添加人脸数据前，需要设置锁屏密码，具体设置方法如下。

① 在【解锁方式】区域下，点击【人脸解锁】选项，进入【添加人脸数据】界面，点击【开始添加】按钮，如下页左图所示。

❷ 用户根据提示，将面部保持在取景框中进行录入，录入成功后命名人脸名称，最后点击【完成】按钮即可，如右下图所示。

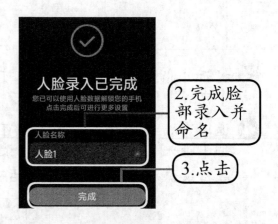

1.点击

2.完成脸部录入并命名

3.点击

 # 高手私房菜

技巧1：开启手机的长辈模式

长辈模式即老年人专属使用的极简模式，主要特色就是大字号、大图标，非常适合长辈们用。不过在极简模式下，不能用全面屏手势。

提示 小米使用的是"极简模式"，华为、vivo、OPPO、荣耀等使用的是"简易模式"，都可以通过设置界面搜索到此功能。

❶ 在主屏界面点击【设置】按钮，打开【设置】界面，搜索【极简模式】功能，在搜索结果中选择【极简模式】选项，如下页左图所示。

❷ 进入【极简模式】界面，点击【开启极简模式】按钮，如下页右图所示。

❸ 即可开启手机的长辈模式，此时图标和字号都变大了，如左下图所示。

❹ 如果要退出极简模式，可以在【设置】界面中，点击【当前处于极简模式，点击退出】选项，进行退出即可，如右下图所示。

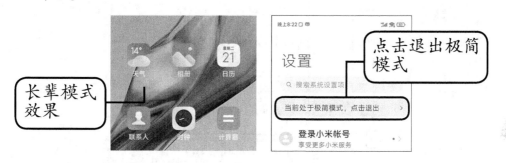

技巧2：手机电量低，开启省电模式

在无法及时给手机充电的情况下，可以开启省电模式，延长手机的续航时间，以确保手机能支撑到下一次充电使用。

❶ 在【设置】界面，点击【省电与电池】选项，如左下图所示。

❷ 进入右下图所示界面，默认为均衡模式。如果要开启省电模式，则点击【省电】按钮，如右下图所示。

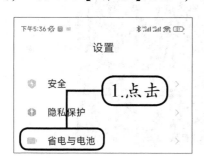

❸ 此时即可进入省电模式，其续航时间也会变长，如左下图所示。在界面中，可以看到优化提示，可点击 〉 按钮。

❹ 进入【建议优化】界面，可以选择要关闭的服务或功能，延长手机的续航时间，如右下图所示。

1. 点击

2. 进入【建议优化】界面，根据需要开启或关闭服务

提示 省电模式主要是通过降低屏幕亮度、关闭5G网络、调整手机性能等，延长手机续航时间。在开启省电模式下，屏幕有可能会变暗。

如果手机电量极低，希望保持更长的续航时间，可以开启超级省电模式。开启该模式后，系统会关闭耗电的功能、关闭5G网络，仅保留通话、短信和联网功能等。在【省电】界面下，点击【超级省电】右侧的开关按钮，进入超级省电模式后，界面如右图所示。

超级省电模式效果

第2章

手机功能进阶使用技巧

学习目标

在了解了手机的基本功能设置外，还有很多功能可以让我们更好地使用手机。本章介绍了输入法、复制、截图、手电筒、闹钟及电话等，通过学习和应用这些技巧，可以更好地发挥手机的潜力，让它成为我们生活中的得力助手。

学习内容

- 切换为手写输入法
- 复制与粘贴任意文字
- 截取手机中的画面
- 掌握手电筒、闹钟、日历及备忘录的使用方法
- 掌握电话功能的使用技巧

2.1　输入：切换为手写输入法

很多老年人不习惯使用拼音输入法，通过手写输入的形式，可以更直观地写出要输入的文字。可以采用以下操作将默认的拼音输入法切换为手写输入法。

1. 启用输入法手写模式

❶ 在输入文字时，系统会调出输入法面板，点击面板上的⠿按钮，如左下图所示。

❷ 进入【键盘选择】界面，点击【手写】选项，如右下图所示。

❸ 此时输入法切换为手写模式，在面板书写框中，可以输入中文、英文、数字及符号，如下页左图所示。

> **提示** 部分输入法应用程序支持全屏书写，在手写输入模式下，全屏任意位置都可以作为书写框来书写内容。

❹ 在书写框中，用手指点划写出要输入的文字，其界面顶端会显示候选词，如果不选择则默认输入首个候选词，如果识别正确，继续书写即可。点击候选词右边的 > 按钮可以选择更多的候选词，如下页右图所示。

> **提示** 如果某个手写字无法识别，可能是因为字迹比较潦草，建议重写一下。

5 另外，点击书写框左下角的【单字】选项，可以设置手写模式，如这里点击【自由写】选项，然后点击【确定】按钮，如左下图所示。

6 此时在书写框中，可以连续输入两个字或多个字，这样输入效率更高，如右下图所示。

2. 使用输入法的长辈模式

1 点击输入法面板上的 ⊞ 按钮，如下页左图所示。

❷ 进入右下图所示的界面，找到【长辈模式】图标并点击该图标。

❸ 即可开启输入法的长辈模式，如下图所示，界面图文更清晰，操作更简单。

2.2 粘贴：复制与剪切任意文本信息

复制和剪切是我们在输入或发送信息时最为常用的操作，本节就来讲述复制与剪切的操作。

1. 复制和粘贴文本

复制是指生成一条与选中的文本信息相同的信息，执行粘贴后，该

信息仍然存在于原位置。在将短信中的验证码复制到文本框中，或者复制一条消息发送给他人时，就需要用到复制功能，来避免重复输入。

❶ 在需要复制的文字的旁边，手指长按手机的屏幕，直至弹出左下图所示的工具条，文本周围会显示两个光标，如果要自由选择文本，可以用手指拖曳光标进行选择，然后点击【复制】选项。

❷ 如果点击【全选】选项，则可以选择全部文本，如右下图所示。

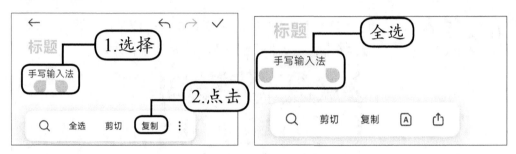

❸ 在目标位置，手指长按手机的屏幕，在弹出的工具条中，点击【粘贴】选项，如左下图所示。

❹ 此时，即可将所选文本粘贴到对话框中，如右下图所示。

❺ 如果要复制短信验证码，可以打开包含验证码的短信，点击短信中的【复制】按钮，然后在目标位置粘贴即可，如下页左图所示。

❻ 如果要复制短信中的部分信息，可以双击短信内容，如下页右图所示。

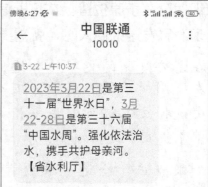

提示 如果是一些即时的验证码短信，可以打开通知栏，点击【复制】按钮，复制验证码，如下图所示。

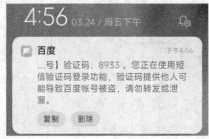

❼ 长按手机屏幕调出工具条，通过光标选择部分文本，然后进行复制即可，如下图所示。

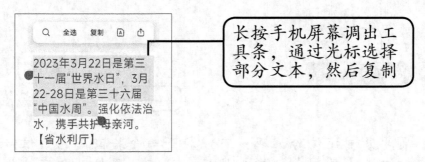

2. 剪切和粘贴文本

剪切是将选中的信息粘贴到目标位置，原有位置就没有该信息了。例如，在手机中，将某段文字信息通过剪切，粘贴到另外一个位置，就需要用到剪切功能。不过在剪切文本时，不能剪切网页、短信、应用程序界面中的内容，只能剪切文本框或备忘录中等可编辑的文本 信息。

在文本旁边，长按手机屏幕，调出工具条，选择要剪切的文本，然

后点击【剪切】选项后，在目标位置进行粘贴即可，如右图所示。

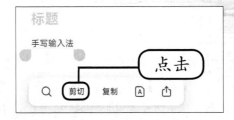

2.3　截屏：截取手机屏幕画面

有时想将不能复制内容的画面保存下来，或者遇到问题时希望将问题界面发给儿女寻求解决，此时可以采用截屏，截取当前的手机画面为图片。

一般截取屏幕常用的方式有3种，具体如下。

（1）通知栏中的快捷按键

在要截屏的手机画面中，下拉屏幕顶端的状态栏，在打开的控制中心中，点击【截屏】图标，如左下图所示，即可截取当前手机画面。

如果要查看截取的图片，可以在相册中点击【截屏录屏】进行查看，如右下图所示。

（2）通过手机实体按键

在要截屏的手机画面中，同时按下音量下键和电源键，即可快速截屏。

（3）通过手势截屏

用户还可以通过手势进行截屏，一般全屏手机主要采用三指下拉进行截屏。

> **提示** 如果手机实体按键或手势操作无法截屏，用户可以在【设置】界面中，搜索"截屏"，即可查看所用手机的截屏手势，也可以通过网上搜索，确定所用机型的截屏方法。

2.4 手电筒：光线太暗，打开手机照一照

在光线太暗的地方或者夜晚，可以通过手机上的"手电筒"功能照亮周围。

下拉屏幕顶端的状态栏，在打开的控制中心中，点击【手电筒】图标，即可打开"手电筒"功能。当需要关闭"手电筒"功能时，可在控制中心中再次点击【手电筒】图标，也可以在熄屏状态下，按手机实体电源键，关闭"手电筒"功能。

2.5 闹钟：定个表准时提醒自己

闹钟是手机中常用的功能，下面讲述添加闹钟的方法。

1 点击手机主屏上的时钟小部件，如下页左图所示。

2 进入【闹钟】界面，点击＋按钮，如下页右图所示。

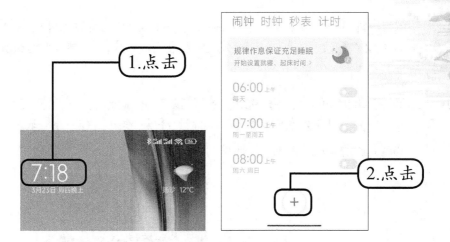

提示 【闹钟】界面中如果包含要设定的时间点，将开关按钮设置为"开"即可。

❸ 进入【添加闹钟】界面，设置闹钟时间，然后可以设置铃声、重复、备注等，如点击【重复】右侧的三角按钮，如左下图所示。

❹ 在弹出的对话框中，可以选择要设置的重复选项，默认为【只响一次】选项，如点击【每天】选项，如中下图所示。

❺ 设置完成后，点击✓按钮进行确认，如右下图所示。

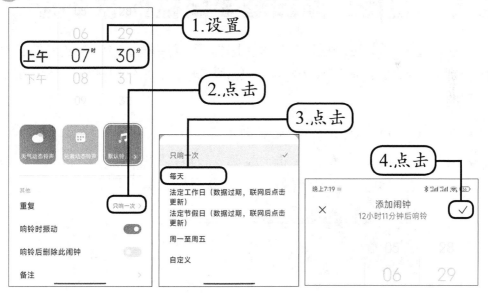

⑥ 返回【闹钟】界面，即可看到设置的闹钟已添加到列表中，开关按钮状态为"开"，状态栏上显示⏰图标，表示已设置完成，如左下图所示。

⑦ 当到设定的时间时，手机就会提醒，并显示右下图所示的画面。当点击"10分钟后提醒"时，手机会在10分钟后再次提醒；当向上滑动屏幕时，则关闭闹钟。

2.6 日历: 添加重要日程信息提醒

使用【日历】应用程序来管理日程，可彻底摆脱遗忘重要事情的烦恼。例如，可以将孙子孙女的生日或重要活动添加到日历中，届时可以提醒自己。

① 点击【日历】按钮，如左下图所示。

② 进入【日历】界面，点击＋按钮，如右下图所示。

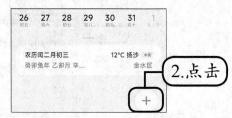

❸ 进入左下图所示的界面，例如选择【生日】选项，添加生日日程，在文本框中输入标题，然后点击【时间】右侧的三角按钮。

❹ 弹出【选择日期】窗格，将【农历】开关设置为"开"，选择日期后，点击【确定】按钮，如右下图所示。

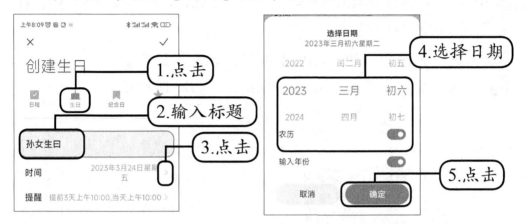

❺ 关闭【选择日期】窗格后，可以设置提醒和是否开启闹钟提醒，然后点击✓按钮，如左下图所示。

❻ 返回【日历】界面，添加日程的日期上方会有一个圆点标记，点击该日期即可查看添加的事件信息，如右下图所示。

2.7 笔记：善用备忘录，生活小事不忘记

手机中的备忘录功能可以帮助老年人记录生活中的重要事项，如社区活动、地址信息、购物清单等，不用笔和纸，只需记录在手机中，就可以随时查看，避免遗忘。

❶ 点击手机桌面上的【笔记】按钮，如左下图所示。

❷ 进入【笔记】界面，点击 ➕ 按钮，如右下图所示。

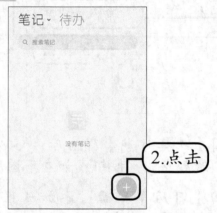

> 📝 **提示** 部分品牌的手机可能叫备忘录、便签等，但其功能是一致的。

❸ 在新界面中，用户可以编辑标题和内容，按记录事项的顺序编辑即可。在填写时，注意将事项和时间填写清楚，以免出现遗漏或混淆，编辑完成后，点击 ✓ 按钮，如下图所示。

> 📝 **提示** 用户还可以通过工具条上的语音⑾、图片🖼、手写绘图∿等方式，编辑笔记内容。

④ 用户还可以通过设置提醒功能来避免忘记备忘录中的事项。点击⋮按钮，在弹出的菜单中，点击【设置提醒】选项。

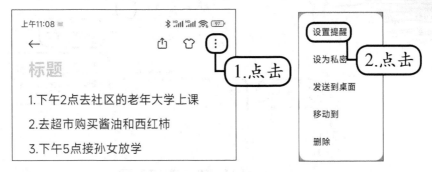

⑤ 在弹出的窗格中，设置提醒的时间，然后点击【确定】按钮，如左下图所示。

⑥ 当到达设置的提醒时间时，笔记就会自动弹出并以闹铃的形式提醒，如右下图所示。

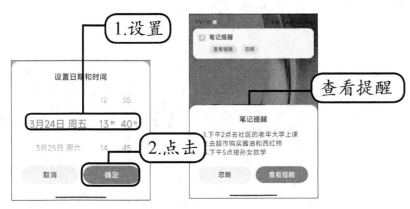

2.8 电话：把新号码存入手机

经常与某个人联系？可以将其添加到你的联系人中。

❶ 点击【电话】图标📞，打开下页左图所示的界面，点击【联系人】选项，该界面显示了保存的所有联系人，点击➕按钮，如下页左图所示。

❷ 进入新建联系人界面，输入联系人的姓名及手机号信息，也可以根据情况在其他信息栏中填写相关信息，编辑完成后，

点击 ✓ 按钮，如右下图所示。

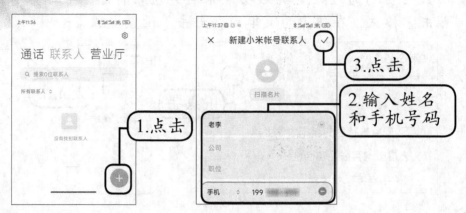

❸ 此时，在【联系人】界面即可看到添加的联系人，如左下图所示。

❹ 如果要拨打电话，点击该联系人进入详细界面，点击 📞 图标即可拨打电话，如右下图所示。

提示 如果要将该联系人的电话发送给别人，可以长按电话号码，在弹出的快捷菜单中，点击【复制到剪贴板】选项，将其发送别人即可。

2.9 电话：把常用联系人放置到手机桌面

将常用联系人放置到手机桌面，不用再进入通讯录或者通话记录中去查找，是一种十分实用的手机使用技巧。

① 在联系人详细信息界面，点击 ⋮ 按钮，如左下图所示。

② 在弹出的快捷菜单中，点击【发送到桌面】选项，如右下图所示。

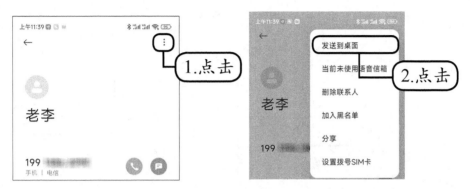

③ 在弹出的窗格中，点击【打开联系人】选项，如左下图所示。

④ 返回手机桌面，即可看到添加的联系人图标，如右下图所示。

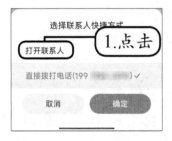

高手私房菜

技巧1：更快更好用的语音输入

老年朋友如果觉得手写输入太慢，可以尝试语音输入的方式。目前，大部分输入法都支持语音输入功能，可以将语音自动转换为文字，而且支持方言识别，大大提高了输入效率。

① 在输入文字时，当手机自动调出输入法窗格时，长按【空格】按钮 ，如下页左图所示。

❷ 弹框提示"倾听中，松手结束"，这时对准麦克风说话即可，输入法会自动识别并转为文字信息，当录入完毕后，松开按钮即可结束，如右下图所示。此时，用户确定文字信息是否正确，如果有错别字，可予以纠正。

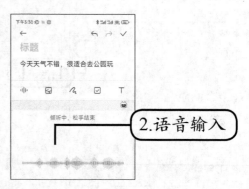

提示 语音输入时尽量说整句的内容，以提高文字识别率。

如果使用的是方言，可以将语音识别模式设置为方言，具体步骤如下。

❶ 点击输入法窗格上的 🎤 按钮，如左下图所示。

❷ 进入【转文字】窗格，点击【普通话】右侧的 ▼ 按钮，如右下图所示。

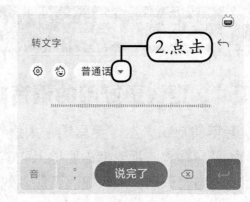

❸ 在弹出的【语种选择】窗格中，选择要设置的方言，如下页左图所示。

④ 设置完成后，点击 🎤 按钮后说话即可，如右下图所示。

技巧2：将微信聊天中的电话号码保存到通讯录

有时别人会将某个联系人的电话号码以微信的形式发给你，如果要保存到通讯录中，可以直接进行保存，无须通过记忆的方式进行录入。

❶ 点击发来的电话号码，如下图所示。

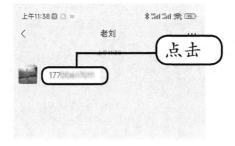

❷ 在弹出的窗格中，点击【添加到手机通讯录】选项，如下图所示。

❸ 在底部弹出的窗格中，选择是新建联系人还是添加到现有

联系人，如这里点击【创建新的联系人】选项，如左下图
所示。

❹ 进入新建联系人界面，用户只需输入姓名及相关信息即可，
无须输入电话号码，然后点击✓按钮保存，如右下图所示。

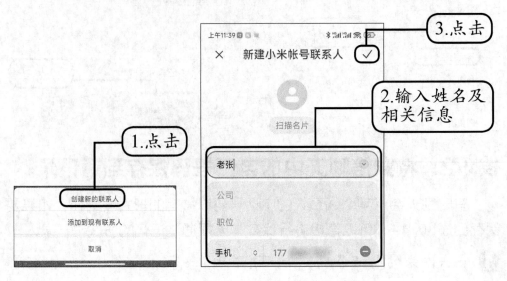

手机中应用的安装与管理

学习目标

　　在手机中使用的微信、支付宝等，都是手机中的应用程序，它们可以为我们提供各种服务和功能，从聊天娱乐到网购支付等各个方面，而正确地安装和管理应用，可以使我们的手机更加高效和安全。

学习内容

- 应用的安装、升级及卸载
- 图标的管理
- 桌面的布局设置
- 切换、关闭及清理应用的方法
- 学会使用手机管家

3.1 安装：搜索并安装手机应用

打开手机，我们就会发现主屏的【应用商店】图标，它为我们提供了众多热门应用及推荐，不仅可以满足日常玩机需求，而且可以确保下载安全。应用商店的一键下载并自动安装是极其方便的，下面就一起看看如何用"应用商店"搜索并安装手机应用。

❶ 点击桌面上的【应用商店】图标，如左下图所示。

❷ 进入【应用商店】主界面即可看到推荐的应用及主题，如右下图所示。

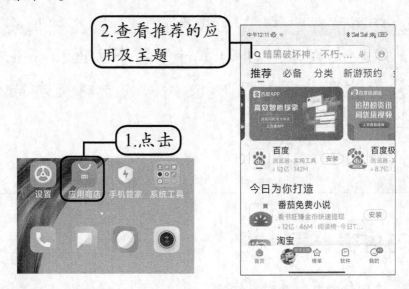

> 📝 **提示** 用户在下载应用时，务必从"应用商店"下载，请勿从网页下载一些未通过安全认证的软件，否则可能对手机的安全使用造成威胁。

❸ 在搜索框中输入要下载的应用，并自动显示搜索结果，点击要下载应用右侧的【安装】按钮，如下页左图所示。

❹ 即可进行下载，并显示进度，如下页右图所示。

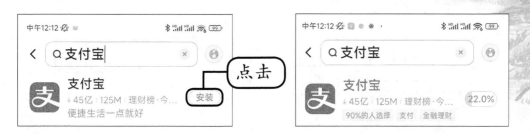

❺ 下载并安装完成后，应用程序右侧按钮显示为"打开"，点击该按钮，即可打开该应用，如左下图所示。

❻ 返回桌面，即可看到安装的手机应用图标，如右下图所示。

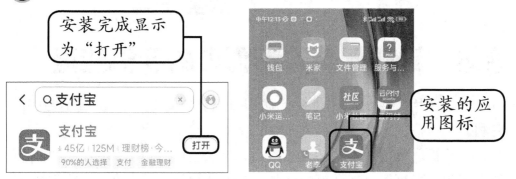

3.2　升级：将手机应用更新为最新版本

　　更新应用为最新版本是保证应用稳定性、安全性及功能性的重要步骤之一。我们应该经常检查和更新手机应用以确保其为最新版本。

❶ 打开【应用商店】应用，点击底部的【我的】按钮，进入下页左图所示界面。此时，在【应用升级】区域下显示可升级的应用及数量。如果要全部升级，可点击【一键升级】按钮；如果升级某些应用，可点击【应用升级】右侧的 > 按钮。

> **提示** 升级大量应用时，建议在连接无线网络的情况下进行升级。

❷ 进入【应用升级】界面，可以看到可升级的应用，点击【升级】按钮，即可升级该应用，如下页右图所示。

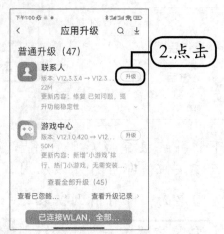

3.3 卸载：清除不需要的手机应用

不再使用的手机应用，我们可以卸载掉，以便为手机腾出更多的空间。

在手机屏幕上长按要卸载的应用，在弹出的快捷菜单中，点击【卸载】按钮，即可将其从手机中卸载，如左下图所示。另外，也可以长按要卸载的应用，将其拖曳至顶部弹出的【卸载】图标 ，即可卸载，如右下图所示。

3.4 图标：管理应用图标，让桌面更整洁

手机就像一个"家"，而每个家中通常都应该有多间"屋子"。默认情况下安装的应用都显示在主屏上，这就像一家人都站在了院子里，

显得乱哄哄的。因此我们可以为下载的应用建一个"屋子",让它们"走"进属于自己的空间,也可以根据需要对它们进行 排列。

1. 调整图标的位置

在手机屏幕中,我们可以拖曳图标到指定位置,具体步骤如下。

❶ 长按应用图标,此时即可拖曳图标,并将其拖曳至目标位置,松开手指即可,如左下图所示。

❷ 用户也可以拖曳图标,向左右边缘移动到另一屏幕,如右下图所示。

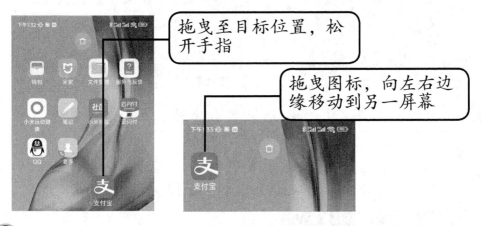

拖曳至目标位置,松开手指

拖曳图标,向左右边缘移动到另一屏幕

❸ 如果要多个应用同时移动,可以长按桌面空白处或在桌面双指捏合,即可进入编辑模式,如下图所示。勾选多个应用,即可同时拖曳并移动应用的位置,移动位置完成后,点击 ☑ 按钮退出编辑模式。

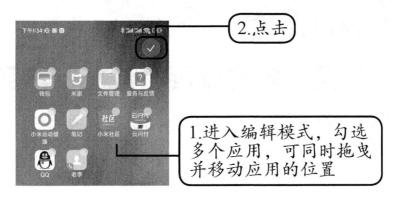

2.点击

1.进入编辑模式,勾选多个应用,可同时拖曳并移动应用的位置

2. 为桌面图标进行分类

如果桌面图标过多，可以将相同功能的应用归类到一起，方便查找和使用。

❶ 选择并长按一个应用图标，拖曳至相同类型的图标上，如左下图所示。

❷ 系统会自动建立一个文件夹并根据类型进行命名，里面包含了两个图标，如右下图所示。

❸ 点击进入文件夹，可以点击启动应用。点击文件夹上方的文字，即可对其重新命名，如左下图所示。

❹ 命名后，点击任意空白位置，即可退出编辑状态。返回桌面即可看到重命名后的文件夹，如右下图所示。

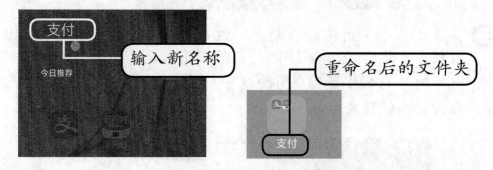

3.5 布局：锁定桌面，让图标不乱跑

在使用手机时，如果担心应用图标随意乱跑，或者不小心被卸载了，也可以锁定桌面布局。

❶ 点击进入【设置】界面，选择【桌面】选项，如下页左图所示。

❷ 进入【桌面】界面，在【桌面布局】区域下，点击【锁定桌面布局】右侧的开关按钮，将其设置为"开" ⬤，即可完成操作，如右下图所示。

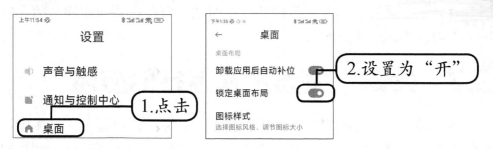

> **提示** 当遇到桌面的应用图标不可被拖曳或删除的情况，可以在【桌面】界面关闭【锁定桌面布局】功能。

3.6 切换：多应用之间的快速切换

如果同时使用多个应用时，它们之间要相互切换，使用下述方法可以快速切换，不需要返回桌面，再打开对应的应用。

❶ 从屏幕底部上滑并停顿一下，松开手指后，会显示最近应用界面，点击要切换的应用。如这里点击【应用商店】缩略图，如左下图所示。

❷ 即可切换至【应用商店】界面，如右下图所示。

> **提示** 如果非全面屏，可点击手机底部导航键中的【菜单】按钮▤，打开最近应用界面。

另外，在屏幕底部的提示线处左右滑动，可左右切换应用，每切换一个应用就需要滑动一次。

3.7 关闭：关闭正在运行的应用

使用某个手机应用后，返回手机桌面，并没有将其关闭，而是保持后台运行。虽然方便再次使用，但是容易使手机变慢或耗电快，我们可以选择关闭某个不再使用的应用。

❶ 在手机最近应用界面，按住要关闭应用的缩略图，向右滑动，如左下图所示。

❷ 即可将该应用彻底关闭，如右下图所示。

按住并右滑，关闭应用

3.8 清理：一键清理手机后台运行的应用

如果后台应用运行太多，逐一删除的话，会比较慢，用户可以一键清理后台正在运行的应用，具体步骤如下。

打开最近应用界面，点击屏幕上的×按钮，如左下图所示。即可清除所有后台应用，并返回手机主屏。

如果使用一键清理后台功能时，要保留某个应用，可以长按其缩略图，点击弹出的🔒按钮，即可保持锁定，不会被清除，如右下图所示。当需要解除锁定，再次长按应用的缩略图，点击弹出的🔓按钮即可。

3.9 管家：让手机运行更流畅

手机在使用了一段时间后，会变得异常卡顿，内存也不够用了。这里建议每隔一段时间使用手机自带的【手机管家】应用，对手机进行优化，确保手机的流畅运行。

❶ 点击手机主屏上的【手机管家】图标，如左下图所示。

❷ 进入其主界面，点击【立即优化】按钮，该功能类似于给手机做个快速"体检"，如右下图所示。

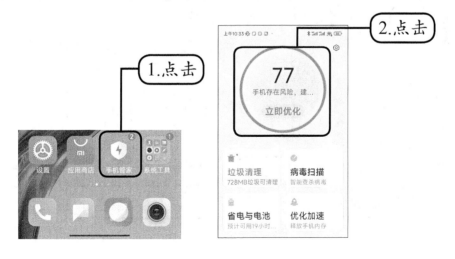

❸ 检查完毕后，即可看到提示手机存在的问题，用户可以根据提示，处理存在的安全风险，如左下图所示。

❹ 在【手机管家】主界面，点击【垃圾清理】选项，进入右下图所示界面，默认勾选可清理的选项，点击【清理选中垃圾】按钮，即可进行清理。

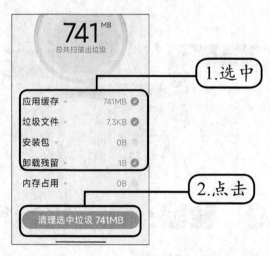

❺ 点击【优化加速】选项，可勾选要关闭的应用，点击【立即加速】按钮，可以释放一定的内存空间，如左下图所示。

❻ 在手机使用过程中，微信使用的频率会更高，其保存的聊天记录、图片及视频等较多，会大量占用手机的存储空间。建议每隔一段时间就清理一次。在【手机管家】主界面，点击【微信专清】选项，即可扫描手机中可清理的微信聊天记录，根据提示清理即可，如右下图所示。

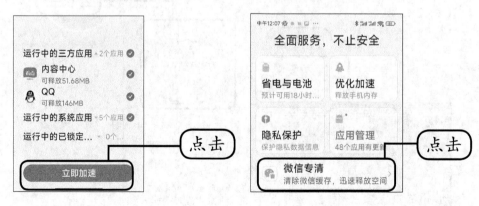

提示 在清理微信聊天记录前，建议在聊天对话框中长按重要的照片或视频保存至手机中，再进行微信清理。

高手私房菜

技巧1：通过搜索找到已安装的应用

如果手机中的应用安装过多，有时难免找不到要使用的应用图标，此时可以通过搜索找到已经安装在手机中的应用。

❶ 在负一屏界面中，点击搜索框，即可进入左下图所示界面。

❷ 用户可以在搜索框中输入要搜索的内容，如输入"微信"进行全局搜索，包括应用、应用商店、功能及网页等，用户点击【本机应用】区域下的结果即可启动该应用，如右下图所示。

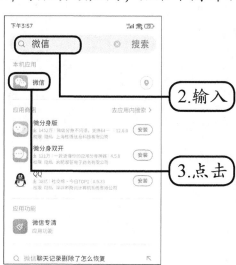

技巧2：如何调整桌面图标的大小

如果觉得手机默认应用图标太小，可以调整其大小，具体步骤如下。

❶ 在【桌面】界面，点击【图标样式】选项，如下页左图所示。

❷ 拖曳【图标大小】下的滑块，向右拖动可以调大图标，如右
下图所示。

第 4 章

微信日常使用技巧

学习目标

　　老年人使用微信的主要目的是方便与家人、朋友沟通，以及获取信息和娱乐，然而，老年人使用微信时也存在着一些问题，比如，发朋友圈、手机支付、发红包、转账等，本章整理了一些实用的微信技巧，帮助老年人熟练掌握微信的使用技巧。

学习内容

- 设置微信信息
- 和好友进行聊天
- 在微信朋友圈发动态
- 绑定银行卡
- 微信钱包的充值及发红包、转账

4.1 修改微信的头像与昵称

老年人在使用微信时，可以根据自己的兴趣爱好、生活经验和需求等来选择适合自己的形象和名字，让自己的账号更具有个性化和亲和力。

❶ 在微信界面中，点击微信底部的【我】按钮，在其界面点击微信号右侧的 › 按钮，如左下图所示。

❷ 进入【个人信息】界面，点击【头像】右侧的 › 按钮，如右下图所示。

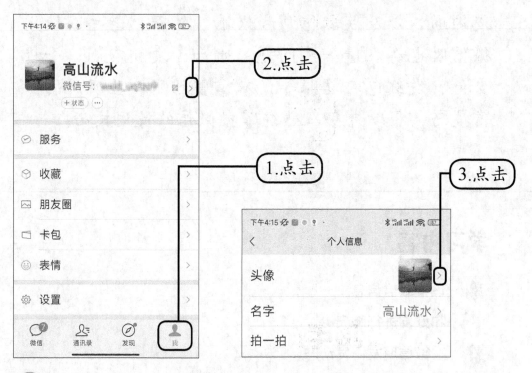

❸ 点击界面右上角的 ⋯ 按钮，在弹出的窗格中点击【从手机相册选择】选项，如下页左图所示。

❹ 选择手机中要设置为头像的照片后，可以拖曳照片来调整位置，得到想要的结果后，点击【确定】按钮，如下页右图所示。

⑤ 返回【个人信息】界面，点击【名字】右侧的 ▷ 按钮，进入【更改名字】界面，在文本框中输入要修改的名字，点击【保存】按钮，如左下图所示。

⑥ 返回【个人信息】界面，即可看到更改后的头像和名字，如右下图所示。

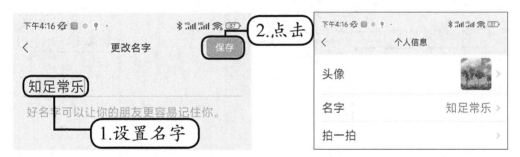

4.2 备注微信好友的名称

在使用微信的过程中，中老年人为自己的微信好友设置个性化的备注名称，可以更好地管理自己的微信好友列表，以及更好地识别和联系自己的微信好友。

① 点击微信底部的【通讯录】按钮，选择要备注的好友，如下页左图所示。

② 进入好友信息界面，点击【设置备注和标签】选项，如下页

右图所示。

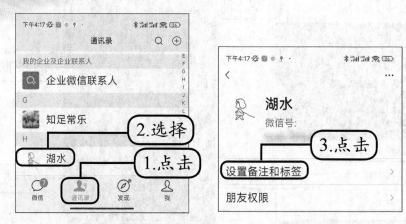

3 进入左下图所示界面，设置备注名称，还可以根据情况，设置标签、电话、描述及图片等，设置完成后，点击【保存】按钮，如左下图所示。

4 返回好友信息界面，即可看到备注后的信息，如右下图所示。

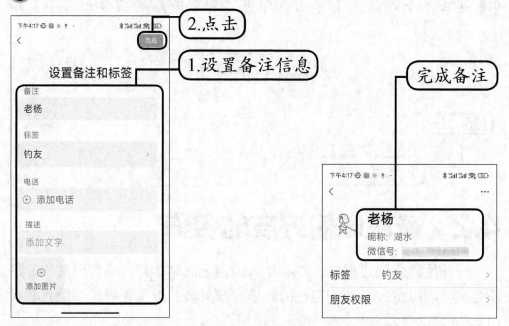

4.3 将好友的微信名片发送他人

在使用微信时，将自己的好友以微信名片形式发送给其他人，可以

方便其他人添加好友。

1 在聊天界面，点击⊕按钮，下方弹出对话框，向右滑动对话框至第2屏，点击【名片】图标，如左下图所示。

2 在【选择联系人】界面，选择要发送的好友名片，如右下图所示。

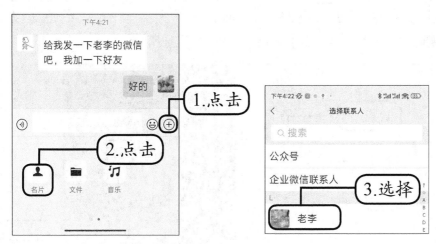

3 弹出【发送给】对话框，点击【发送】按钮，如左下图所示。

4 即可以名片的形式发送给好友，如右下图所示。对方收到名片后，点击进行添加好友即可。

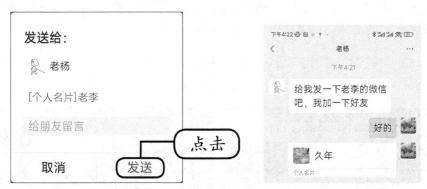

4.4 使用微信拍摄并发送视频

通过学会使用微信拍摄和发送视频，老年人可以更方便地记录和分享自己的生活和情感，也可以更好地与远方的亲友进行视觉沟通和交流。

① 在聊天界面，点击⊕按钮，下方弹出对话框，点击【拍摄】图标，如左下图所示。

② 进入拍摄界面，将镜头对准拍摄对象，点击白色圆圈的【拍摄】按钮，可拍成照片，如右下图所示。如果要发送动态视频，则长按【拍摄】按钮，如右下图所示。

③ 此时即可开始录制，拍摄按钮显示绿色进度条，如果要停止录制，松开按钮即可，如左下图所示。

④ 拍摄完成后，用户还可以根据需要添加表情、文字、音乐及截取片段等，点击底部的【完成】按钮，如右下图所示。

⑤ 即可将拍摄的视频发送给微信好友，如下页图所示。

将拍摄内容发送给朋友

> **提示** 在发送视频和文字后，如果内容有误，想撤回的话，可以长按发送的文字、图片或视频，在弹出的对话框中，点击【撤回】按钮，如下图所示。

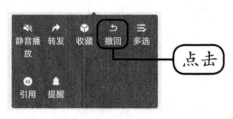

点击

4.5 创建微信群聊和多人一起聊天

老年人可以通过群聊的方式，与多个好友进行集体交流和互动，例如可以创建一个家庭群、好友群等。

❶ 在【消息】界面，点击⊕按钮，在弹出的菜单中，点击【发起群聊】选项，如左下图所示。

❷ 进入【发起群聊】界面，可以选择通讯录中的好友创建群聊，选择完成后，点击【完成】按钮，如右下图所示。

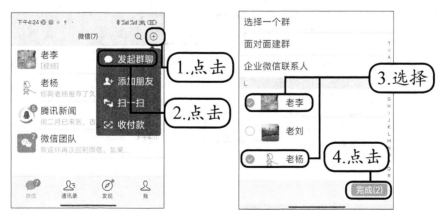

❸ 此时即可进入创建的【群聊】界面，可以在此界面进行沟通，点击···按钮，如左下图所示。

❹ 进入【聊天信息】界面，用户可以对群聊进行管理。点击田按钮，可以添加好友，也可以通过群二维码的方式，供其他人加入群聊。如果要更改群名称，可以点击【群聊名称】右侧的>按钮，如右下图所示。

❺ 进入【修改群聊名称】界面，设置名称后，点击【完成】按钮，如左下图所示。

❻ 返回到【群聊】界面，即可看到修改的群聊名称，如右下图所示。

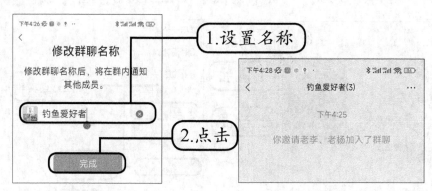

4.6 开启微信视频群聊

通过开启微信视频群聊，可以让多个人同时参与到视频通话中，方便大家进行集体交流和互动。

1 在群聊聊天界面，点击⊕按钮，在弹出的对话框中，点击【语音通话】图标，如左下图所示。

2 进入【选择成员】界面，选择要群聊的成员，然后点击【确定】按钮，如右下图所示。

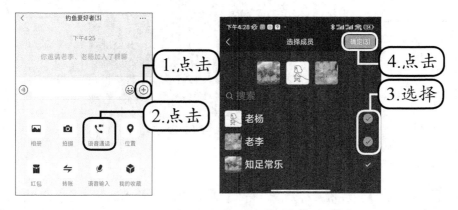

3 即可发起语音通话群聊，如左下图所示。

4 当成员加入聊天后，要实现视频群聊，可点击【摄像头已关】按钮，将摄像头开启即可进行视频群聊，如右下图所示。

4.7 在微信朋友圈发布动态

我们可以选择文字、图片、视频等多种形式来发布微信朋友圈，分享自己的生活、思考等，还可以获得更多的交流和互动。

❶ 点击微信底部的【发现】按钮，然后点击界面中【朋友圈】右侧的 〉按钮，如左下图所示。

❷ 进入朋友圈之后，点击右上角的 🔳 按钮，如右下图所示。

❸ 底部弹出对话框，如果要发送实时拍摄状态，则点击【拍摄】选项。如果要选择相册中的照片或视频，则点击【从相册选择】选项。这里点击【从相册选择】选项，如左下图所示。

❹ 选择手机相册中的照片，点击【完成】按钮，如右下图所示。

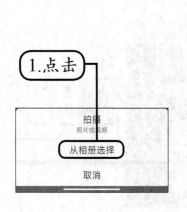

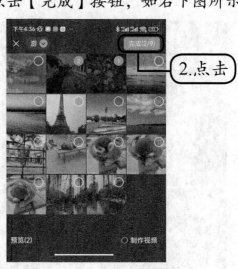

提示 朋友圈最多支持添加 9 张照片。

❺ 进入编辑界面，可以输入文字内容，编辑完成后，点击【发表】按钮，如左下图所示。

❻ 返回朋友圈即可看到发表的内容，如右下图所示。

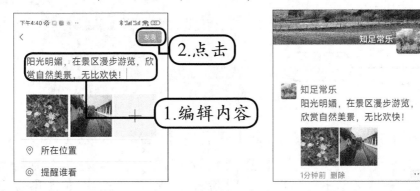

❼ 在【发现】界面，【朋友圈】右侧有红色带圈的数字，该数字表明当前朋友圈互动的条数，点击按钮，如左下图所示。

❽ 进入朋友圈，可以看到互动的信息，点击评论内容，可以进行回复，如右下图所示。

4.8 为微信绑定银行卡

微信不仅是一个聊天工具，而且还是一个移动支付平台，可以在购

物时出示付款码或扫码进行支付，在使用支付功能之前，要先为微信绑定一个可支付的银行卡，具体操作步骤如下。

❶ 在微信的【我】界面，点击【服务】选项，如左下图所示。

❷ 在【服务】界面，点击【钱包】图标，如右下图所示。

❸ 进入【钱包】界面，点击【银行卡】选项，如左下图所示。

❹ 如果是首次绑定银行卡且微信没有进行实名认证，则会提示先进行实名认证，在右下图所示界面中，点击【立即认证】按钮。

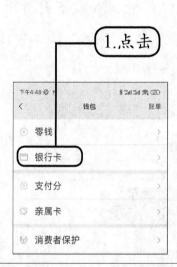

提示 如果已经实名认证，可直接执行下面第 6~8 步操作，进行银行卡添加即可。

❺ 进入【填写身份信息】界面，输入个人身份信息，点击【下一步】按钮，如下页左图所示。

6 进入【添加银行卡】界面，输入银行卡号，点击【下一步】按钮，如右下图所示。

> 📝 **提示** 在首次添加银行卡时，会要求设置6位数的支付密码，以确保用户的微信钱包安全。

7 进入【验证银行预留手机号】界面，输入获取的验证码，点击【下一步】按钮，如左下图所示。

8 添加完成后，在【银行卡】界面即可看到添加的银行卡，如右下图所示。

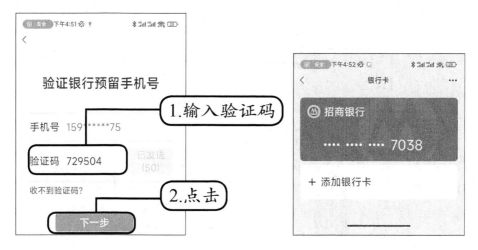

4.9 微信钱包的充值与提现

用户既可以从银行卡向微信钱包进行充值，也可以将钱包中的钱提现到自己的银行卡，下面介绍其操作方法。

1. 向钱包里充值

❶ 在【钱包】界面，点击【零钱】选项，如左下图所示。

❷ 点击【充值】按钮，如右下图所示。

❸ 进入【充值】界面，选择充值的银行卡，然后输入充值金额，点击【确定】按钮，如左下图所示。

❹ 输入支付密码后，支付成功进入右下图所示的界面，点击【完成】按钮。

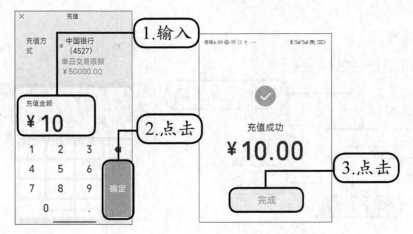

> **提示** 在【我的零钱】界面点击【零钱明细】选项，可以查看零钱收支情况。

2. 将钱包的零钱提现到银行卡

1 在【我的零钱】界面，点击【提现】按钮，进入【零钱提现】界面，选择到账银行卡，输入提现金额，也可以点击【全部提现】按钮，将全部金额填入金额框中。设置提现金额后，点击【确定】按钮，如左下图所示。

2 此时，进入右下图所示的界面，可以看到提现情况，点击【完成】按钮则退出该窗口。

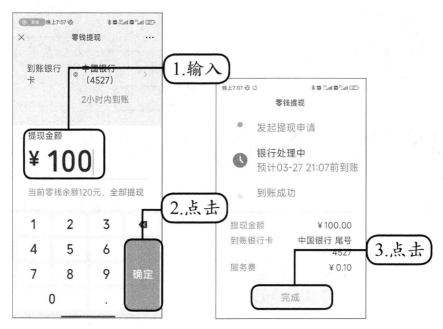

4.10 给好友发个红包

在逢年过节、生日聚会等时候，可以通过微信红包功能发送一定金额的红包，以表达祝福和关爱，下面介绍使用微信发红包的方法。

1. 给好友发定向红包

1 在微信聊天界面，点击 ⊕ 按钮，在弹出的对话框中，点击【红包】图标，如左下图所示。

2 进入【发红包】界面，设置红包金额及红包祝福语，然后点击【塞钱进红包】按钮，如右下图所示。

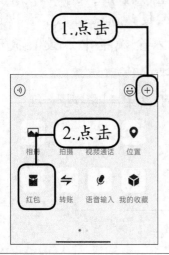

> **提示** 通常情况下，红包金额上限为 200 元。

3 选择支付方式，然后输入支付密码，即可将红包发送给好友，如左下图所示。

4 好友领取红包后，微信聊天界面会显示领取的信息，如右下图所示。如果发送的红包24小时未被领取，则会被自动退回。

2. 在微信群里发红包

❶ 在微信聊天群里，点击【红包】图标，进入【发红包】界面。默认红包方式为【拼手气红包】，用户可点击其右侧的 ⌄ 按钮，在下方弹出的对话框中选择红包方式，如左下图所示。

❷ 选择好红包方式后，设置红包，点击【塞钱进红包】按钮，即可发送，如右下图所示。

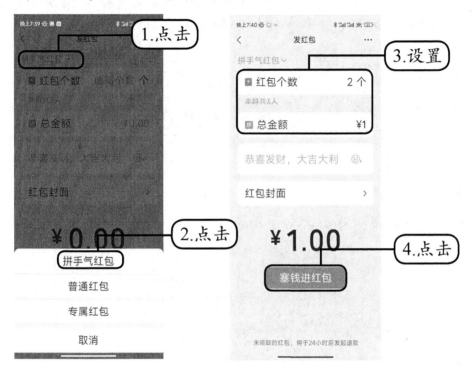

> 📝 **提示** 拼手气红包是用户设置好红包总金额及个数，发送微信群后，群成员可以抢红包，金额是系统随机的，并会显示最佳手气。普通红包是设置每个红包的金额及个数，群成员领取的红包金额是相同的。专属红包可以定向发给群里的某个人，其他人无法领取。

4.11 使用微信向别人转账

微信红包通常情况下最大面值为200元，如果金额超出200元，则需要通过转账的形式，转给他人，不过在转账时一定要确定转账对象，转账完毕后是无法撤回的。

❶ 在微信聊天界面，点击⊕按钮，在弹出的对话框中，点击【转账】图标，如左下图所示。

❷ 进入转账界面，输入转账金额，也可以根据情况添加转账说明，然后点击【转账】按钮，如右下图所示。

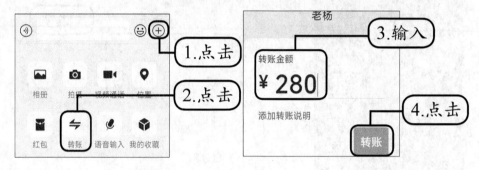

❸ 即可将钱转给好友，如下图所示。

高手私房菜

技巧1：开启微信群内消息免打扰

在使用微信时，有的微信群极其活跃，可能群内一天到晚不停地发消息，不仅影响正常休息，而且使手机极为耗电。对于此类微信群，我们可以开启消息免打扰模式。

在微信群的聊天对话框中，点击···按钮，进入【聊天信息】界面，将【消息免打扰】右侧的按钮设置为"开" 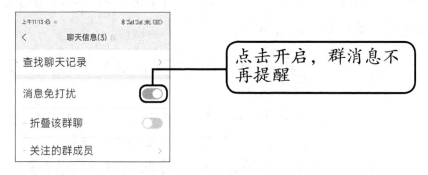，按钮由灰色变为绿色，这样设置后，群内有消息就不会再提醒了。

将【消息免打扰】功能开启后，会显示【折叠该群聊】和【关注的群成员】两个功能，其中【折叠该群聊】右侧开关设置为"开"后，该群将在聊天列表中被折叠起来，会显示在列表的固定位置，有新消息时不会顶到聊天列表前面。当开启消息免打扰后，也可以设置特定好友发消息正常接收提醒，点击【关注的群成员】右侧的⟩按钮，选择群成员即可，最多支持关注4个好友。

点击开启，群消息不再提醒

技巧2：朋友圈也可以有隐私

我们可以通过设置微信朋友圈权限，指定谁可以查看朋友圈，具体操作步骤如下。

❶ 在微信中，点击【我】按钮，然后点击界面中的【设置】右侧的⟩按钮，如左下图所示。

❷ 进入【设置】界面，点击【隐私】区域下的【朋友权限】选项，如右下图所示。

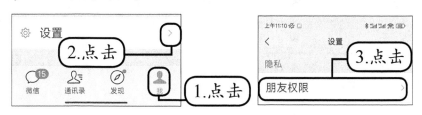

❸ 进入【朋友权限】界面，点击【朋友圈】选项，如左下图所示。

❹ 进入【朋友圈权限】界面，可在该界面设置朋友圈的权限，如右下图所示。

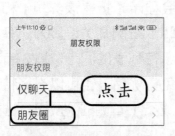

另外，在发表朋友圈时，在【谁可以看】选项中，可以设置该条朋友圈的隐私权限，如下图所示。

提示 【朋友圈权限】界面各选项含义如下。

【不让他（她）看我的朋友圈】：可禁止指定好友查看本人的朋友圈。

【不看他（她）的朋友圈和状态】：可设置不看他人的朋友圈和状态，添加后不会出现在自己的朋友圈内容列表中。

【允许陌生人查看十条朋友圈】：默认是开启状态，关闭后陌生人进入本人朋友圈，将无法查看任何内容。

【允许朋友查看朋友圈的范围】：可以设置好友可查看朋友圈的时间范围，如最近三天、最近一个月等。

利用手机休闲娱乐

学习目标

老年人使用手机进行休闲娱乐的方式多种多样，比如拍照、听戏曲、看电影、看新闻、玩游戏等。这些活动不仅可以对老年人的生活质量有着积极的影响，还可以帮助老年人保持活力，丰富生活。

学习内容

- 轻松拍出好看的照片和视频
- 使用浏览器搜索信息
- 听音乐和戏曲
- 追剧和看电影
- 听收音机和有声小说
- 用抖音、快手看短视频
- 在手机上玩斗地主

5.1 轻松拍出好看的照片

如今手机的拍照功能非常强大，即使是老年人也能够轻松地拍出漂亮的照片和视频，而且手机还提供了简单的照片编辑工具，可以让照片看起来更好看。

1. 简单易用的AI拍照模式

很多手机都提供了AI拍照模式，可以自动识别拍摄对象，帮助用户拍摄出更好的照片，主要用于拍摄风景、美食等静态的对象。在手机拍摄界面，点击**AI**按钮，使其开启，然后将镜头对准拍摄对象，点击【拍摄】按钮，即可拍摄，如右图所示。

2. 人像模式的运用

如果要进行人物摆拍，那么人像模式可以让你达到更好的人物拍摄效果，具有美颜、虚化背景及添加光效的效果，让照片更加有质感。在手机拍摄界面，点击【人像】按钮，即可切换至人像模式进行拍摄。如右图所示，周边的树枝已被虚化，主要突出人物主体。

3. 拍花拍虫用微距

微距摄影，通俗讲就是放大物体细节，如对昆虫花卉的捕捉、珠宝文物的拍摄、细微物体的还原等。在手机拍摄界面，点击█按钮，在弹出的窗格中点击█按钮，打开微距模式，如左下图所示。

在拍摄时，尽量将镜头靠近被摄体，对于植物花卉静态物体拍摄时，可以近距离观察，取景更为方便；而对于昆虫类拍摄时，太近则容易惊动被摄体。另外，要注意观察光线的变化，尽量利用好自然光，确保光线平均地照射在被摄物体上，中下图、右下图为微距拍摄效果。

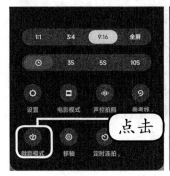  

4. 对拍摄的照片进行美化

照片拍摄完成后，可以使用手机自带的照片编辑工具，对照片进行简单的编辑和美化，让照片快速达到满意的效果。

❶ 在相册中打开要编辑的照片，点击底部的【编辑】按钮，如下页左图所示。

❷ 进入编辑界面，可以看到底部的编辑工具。"基础"功能主要针对尺寸、滤镜、涂鸦、文字等，"魔法消除"功能主要是魔法消除、魔法换天等，而"美颜"功能主要是对人物照片进行美白处理，如下页中图所示。

❸ 对照片进行裁剪后，点击【滤镜】按钮，在"人像"滤镜下，选择一种滤镜效果，设置完成后，点击█按钮确认，如下页右图所示。用户在编辑中，可以根据照片进行切换不同的编辑功能的尝试，实时预览效果，选择满意的即可。

5. 用视频记录美好时光

照片可以记录某一刻的美好画面，而视频可以动态地记录一段时光的流转，如家庭聚会、亲友欢聚、孩子的成长等，也能够记录日常生活中的点滴细节，例如儿孙们嬉戏玩耍的欢乐场面、宠物搞笑的表情等。

❶ 在手机拍摄界面，选择【录像】模式，在其界面上方可以进行选择和设置，如开启防抖、滤镜、美颜及清晰度等，然后点击【录像】按钮，如下页左图所示。

❷ 此时，即可开始录像，顶部显示时间，在录像时如果要暂停可以点击❙❙按钮，如果拍摄完成则点击█按钮，结束录像，如下页右图所示。录像完成后，也可以在相册中对视频进行简单的美化和剪辑。

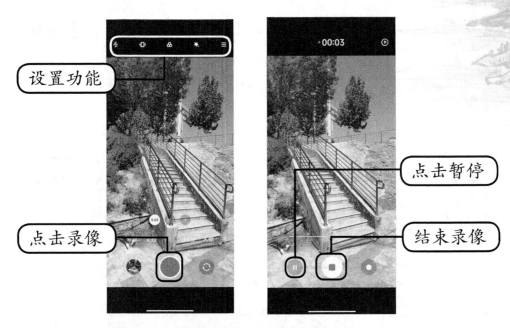

设置功能

点击暂停

点击录像

结束录像

5.2 使用浏览器搜索信息

使用手机浏览器搜索信息是一种方便快捷地获取信息的方式，用户可以使用手机浏览器通过搜索互联网上的信息，如新闻、音乐、视频等。老年人在使用手机浏览器时，应该注意辨别信息的真实性和可靠性。

❶ 点击手机桌面上的浏览器图标，如左下图所示，即可启动浏览器。

❷ 进入主界面，其顶部为搜索框，下方为不同类型的菜单按钮，可以点击下方菜单查看各类型信息，底部为功能按钮，如右下图所示。

点击

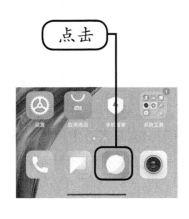

搜索框

❸ 点击搜索框并输入要搜索的内容，然后点击【搜索】按钮，如左下图所示。

❹ 此时，显示搜索结果页面，点击要查看的网页，如右下图所示。

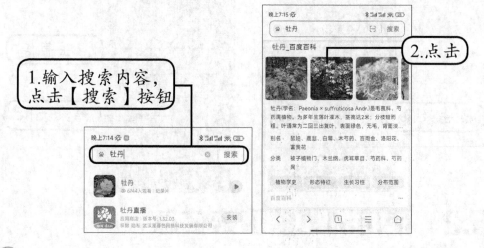

❺ 进入即可查看网页中的内容，如下图所示。

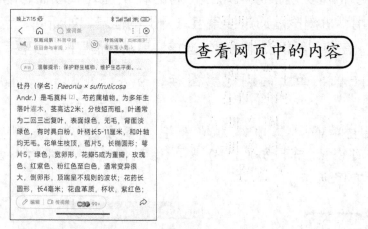

5.3 听音乐和戏曲

本节主要以手机自带的音乐软件为例，介绍其使用方法。此外，还有其他常用的音乐软件，例如，QQ音乐、酷狗音乐和网易云音乐等。尽管这些软件界面可能存在一些不同，但它们的基本使用方法是相似的。

第5章 利用手机休闲娱乐

1 点击桌面上的【音乐】图标，如左下图所示。

2 进入【音乐】主界面，如右下图所示。用户可以点击下方的【猜你想听】【每日30首】【排行】及【分类歌单】等按钮，进入其界面，选择要听的音乐。如果要搜索某首音乐，可在搜索框中输入要搜索的名称。

3 输入名称后，可在下方显示关联的歌曲名称中进行选择，如左下图所示。

4 进入歌曲列表页面，点击要播放的音乐名称，如右下图所示。

❺ 此时即可播放选中的音乐，下方的播放条会显示播放状态。如果要进入播放页面，可点击播放条上的图标或歌曲名称，如左下图所示。

❻ 进入播放页面，用户可以点击下方的按钮进行操作，如单曲循环、上一首、播放/暂停、下一首、歌曲列表及下载等，也可以点击顶部的【歌词】按钮，查看歌词信息，如右下图所示。

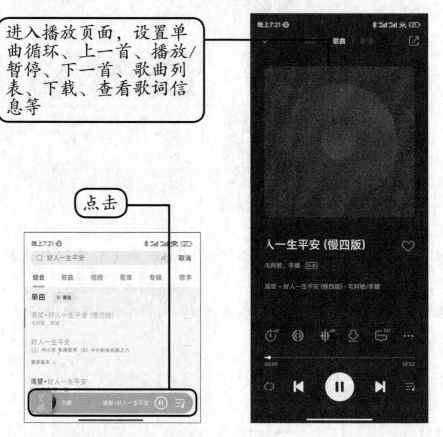

进入播放页面，设置单曲循环、上一首、播放/暂停、下一首、歌曲列表、下载、查看歌词信息等

点击

5.4 追剧和看电影

很多老年人越来越喜欢使用手机追剧、看电影，因为手机上的电视剧、电影等娱乐内容种类丰富，更新速度快，随时可以观看。目前，常用的视频应用有爱奇艺、腾讯及优酷等。本节以"爱奇艺"为例，介绍如何使用手机观看电影和追剧。

第5章 利用手机休闲娱乐

1 下载并安装"爱奇艺"应用，然后进入其首页界面。用户可以在顶部搜索框中输入要观看的视频，也可以点击下方的频道，切换查看不同类型的视频，筛选要观看的视频，如左下图所示。

2 例如，在搜索框中输入要观看的视频名称，可点击【搜索】按钮，进行查找，也可以从下方显示的关联节目中选择，如右下图所示。

在搜索框中输入要观看的视频名称，点击【搜索】按钮查找

3 此时，即可播放选择的视频，在播放时，可以在选集列表中进行选择。如果要进行全屏播放，可点击视频界面中的■按钮，如左下图所示，即会横屏播放，如右下图所示。

4 在播放中，用户可以拖曳下方进度条调节播放进度。

点击，进行全屏播放

控制播放进度

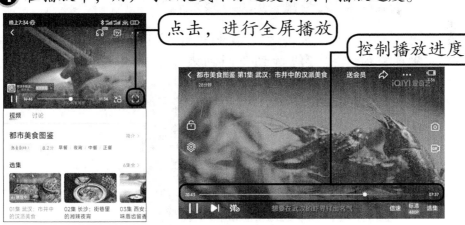

> **提示** 视频应用中，如果视频缩略图右上角带有"VIP"标识，则表示需要付费成为该应用的会员才能观看，没有付费成为会员，即便是免费的视频，在播放前也会有广告。

⑤ 在全屏播放视频时，上下滑动左侧屏幕可调整亮度，上下滑动右侧屏幕可调整视频音量，如下图所示。

⑥ 当点击右上角的 ⋯ 按钮，则可显示更多操作按钮，如收藏、下载、VR等，例如，点击【下载】按钮，如下图所示。

⑦ 在弹出的列表中，点击要下载的选集或点击【全部下载】按钮，即可将所选视频添加到下载列表中，如下图所示。

❽ 下载完成后，当再次打开视频应用，点击【我的】按钮，并点击页面的【观看历史/下载】选项，如左下图所示。

❾ 点击【下载】按钮，在【已下载】列表中，可以看到下载的视频，可点击进行观看，如右下图所示。

5.5 听收音机和有声小说

　　通过手机听收音机和有声小说，老年人可以随时随地收听自己喜欢的节目，不受时间、地点等限制，而且许多应用提供了丰富多样的内容，可以收听到各种不同类型的节目和故事，满足自己的多样化需求。

　　本节以"喜马拉雅"为例进行介绍。

❶ 下载并安装"喜马拉雅"应用，点击【推荐】频道下的【更多】按钮，如左下图所示。

❷ 在【更多】界面，点击【广播】图标，如右下图所示。

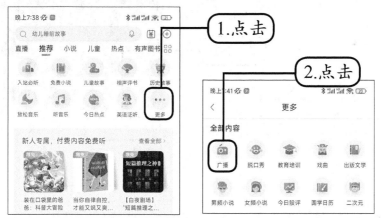

❸ 进入【广播】界面，可以点击要收听的频道，如下页左图所示。

❹ 在下页右图所示的界面可以点击回听以往的节目，也可以通

过滑动上方或点击【换台】按钮，进行换台。

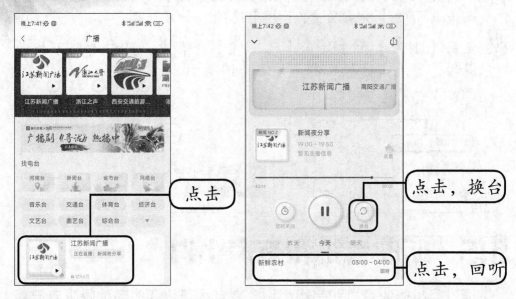

❺ 如果要收听有声小说或其他节目，可在主界面中点击选择要收听的节目，如点击【相声评书】按钮，进入左下图所示的界面，可以在分类频道下选择节目或点击推荐列表中的节目。

❻ 进入节目详细页面，可点击【开始播放】按钮，将从头开始播放，也可点击节目单进行播放，如右下图所示。

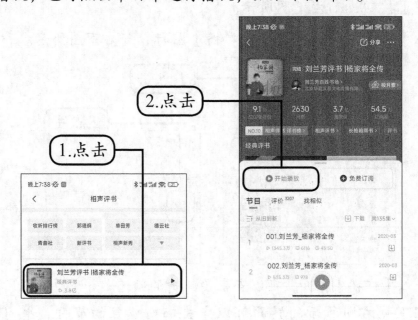

❼ 在播放过程中点击【免费订阅】按钮，可将感兴趣的节目
进行收藏，如左下图所示。点击底部【我的】界面中的【订
阅】列表，可以看到订阅的作品，如右下图所示。

5.6 用抖音、快手看短视频

现在，越来越多的老年人也开始在抖音、快手等短视频应用上观看
短视频，这种方式让老年人不再受时间和地点的限制，可以随时随地观
看各种类型的短视频，比如搞笑、音乐、舞蹈、旅游、美食等。通过观
看短视频，老年人可以了解新的知识和文化，拓宽自己的视野，同时也
可以与家人、朋友进行交流互动，分享自己的观点和感受。

下面以抖音为例进行介绍。

❶ 下载并安装"抖音"应用，首次登录时会要求登录，可识别
手机号一键登录，也可以通过其他手机号或微信等形式进行
登录，如下页左图所示。

❷ 进入信息设置界面，可以设置头像和昵称，然后点击【进入
抖音】按钮，如下页右图所示。

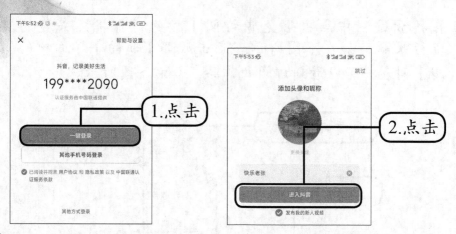

❸ 此时，即可进入抖音的"首页-推荐"页面，自动播放短视频，向上或向下滑动，可以切换视频，也可以通过搜索或查看同城相关短视频。在观看视频时，可点击右下侧的【点赞】♥、【评论】💬、【收藏】★及【分享】↪按钮，进行互动，如左下图所示。如果喜欢该用户的作品，可点击头像下方的"+"按钮，进行关注，也可以点击头像按钮，查看用户的信息和全部作品。

❹ 点击界面底部的【朋友】按钮，可以添加通讯录、微信及QQ好友，根据提示绑定即可，如右下图所示。

❺ 点击底部的 ⊞ 按钮，可以拍摄作品。可以选择拍摄视频、照片、日常及文字，可根据需求点击顶部的【选择音乐】按钮，添加背景音乐，也可以在右侧设置闪光灯、美颜、滤镜等。另外，点击【拍摄】按钮左侧的【特效】按钮，可以拍摄好玩的特效，如左下图所示。

❻ 例如，在视频模式下，点击【拍摄】按钮，即可开始拍摄，如右下图所示。

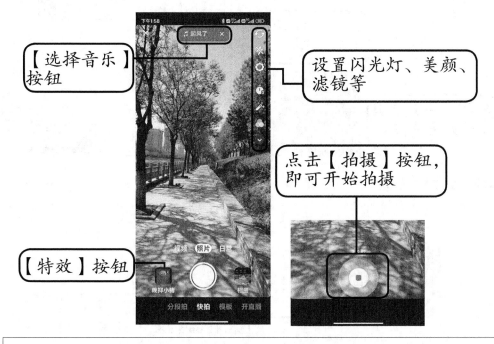

【选择音乐】按钮

设置闪光灯、美颜、滤镜等

点击【拍摄】按钮，即可开始拍摄

【特效】按钮

> **提示** ⟳按钮用于切换前后镜头；🚫按钮用于开关闪光灯；◎按钮用于设置时长、拍摄键及网格等；⏱按钮用于配合三脚架，有3秒和10秒的倒计时选项，时间一到会自动拍摄；✨按钮用于开启美颜效果，对人像面部皮肤进行美化；◉按钮用于添加滤镜效果，拍摄时可根据拍摄对象选择人像、美食、风景等滤镜。

❼ 再次点击该按钮，可停止拍摄，下方显示【发日常】，点击该按钮可直接发布作品，时效为一天且仅好友可看，届时会自动隐藏。如果要添加话题，永久有效，则点击【下一步】按钮，如下页左图所示。

⑧ 进入右下图所示的界面，可以根据视频内容添加文字描述，也可以添加话题让更多的人看到，甚至可以点击"@朋友"，提醒朋友观看，然后根据需求设置权限等，点击【发布】按钮。

填写描述

点击添加话题，永久有效

点击，一天有效且仅好友可看

点击

⑨ 此时即可完成作品发布，在作品列表中可以查看，如下图所示。

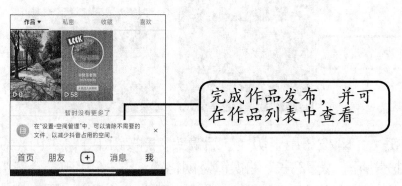

完成作品发布，并可在作品列表中查看

5.7 在手机上玩斗地主

斗地主是一种简单流行的纸牌游戏，老年人可以轻松上手，并且在手机上玩斗地主非常方便，随时随地都可以玩。下面以"欢乐斗地主"为例介绍。

① 下载并安装"欢乐斗地主"应用，启动后进入登录界面，可以选择登录方式，并勾选同意协议，如下页图所示。

第5章 利用手机休闲娱乐

② 首次登录，会要求创建角色，创建完成进入下图所示界面，选择游戏模式，如点击【经典】选项。

③ 选择玩法，如这里点击【经典玩法】，如下图所示。

④ 进入下图所示界面，可以根据欢乐豆的数量，选择不同的底分场次。如果对玩法不太熟悉，建议了解规则后，选择"新手场"。

❺ 选择完成后，点击【开始游戏】按钮即可开始发牌、叫地主，如下图所示。

❻ 当游戏结束后，会显示本次游戏的输赢情况，欢乐豆输赢的数量等，若要再次游戏，可点击【继续游戏】按钮，如下图所示。

点击

高手私房菜

技巧1：在手机上看电视直播

通过手机上的应用程序，用户可以随时随地观看各种电视节目，如体育比赛、新闻报道等。下面以"央视频"为例进行介绍。

❶ 下载并安装"央视频"，启动应用后点击底部的【电视】按钮，进入【电视】界面，用户可选择频道，观看节目，如下页左图所示。点击█按钮，即可全屏观看。

❷ 点击【卫视】按钮，可观看各卫视台的节目，如下页右图所示。

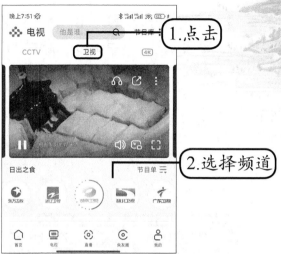

技巧2：将手机视频投放到电视上

对于老年人来说，长时间使用手机观看视频可能会导致眼睛疲劳等问题。而将手机视频投放到电视上则可以提供更大、更清晰的屏幕，更适合老年人观看。

在投屏之前，需要确保电视和手机在同一个网络环境下，都连接家里的宽带。

❶ 打开要投屏的视频，点击【投屏】按钮，如左下图所示。

❷ 此时，该应用即可搜索可接收投屏的设备，然后选择设备，如右下图所示。

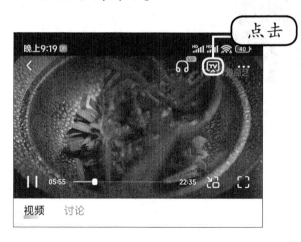

提示 视频应用界面中投屏按钮普遍包含有"TV"标识，如果界面中没有，可点击3个圆点的【更多】按钮，确认是否包含该按钮。

❸ 投屏成功后，电视即可播放投放的视频，而应用界面则变为控制面板，可以设置清晰度、播放/暂停、调节播放进度、调节声音大小及播放选集等，当点击◉按钮，则可退出投屏播放，如下图所示。

点击，退出投屏

使用手机进行支付和购物

第6章

学习目标

现在老年人越来越多地利用手机进行支付和购物，这样可以省去携带现金的麻烦，也更加安全方便。在手机上购买所需物品，省去出门购物的麻烦，还能享受更多的折扣和优惠，不过，老年人在使用手机支付和购物时，需要保护自己的账户和信息安全。

学习内容

- 使用微信、支付宝支付
- 使用手机为银行卡转账
- 给手机充值话费
- 线上缴纳水电气费
- 在手机上网上购物

6.1 使用微信支付

微信支付是一种基于微信平台的支付方式，用户可以通过微信支付完成线上和线下的购物、转账、缴费等操作。

❶ 打开微信，在"微信"界面，点击右上角的⊕按钮，在弹出的菜单中点击【扫一扫】选项，如左下图所示。

❷ 打开"扫一扫"功能后，将摄像头对准商家二维码，进行识别，进入支付页面，输入支付金额，点击【立即支付】按钮，如右下图所示。

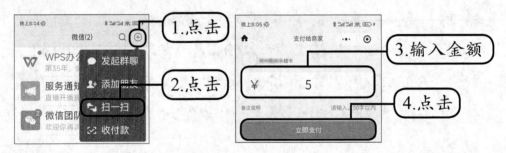

❸ 选择支付方式，如"银行卡"或"余额"等，输入支付密码，提示支付成功后，表示已完成付款，点击【完成】按钮，返回微信页面，如下图所示。

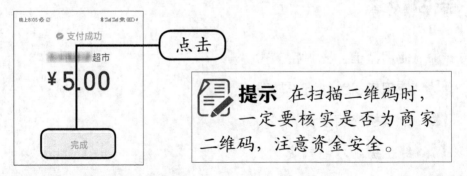

> **提示** 在扫描二维码时，一定要核实是否为商家二维码，注意资金安全。

如果商家是通过扫描买家的付款码进行收款的，则需要出示付款码，具体步骤如下。

❶ 通过点击微信的【我】界面中的【服务】选项，进入【服务】界面，点击【收付款】按钮，如下页左图所示。

❷ 进入【收付款】界面，选择支付方式，如"零钱"，然后出示给商家，待扫描后，当提示付款成功即可，如右下图所示。

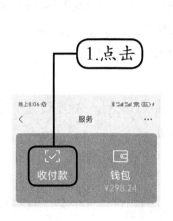

1.点击

2.选择付款方式

> **提示** 在选择付款码方式时，务必在收银员面前再调出付款码。一方面，付款码是有有效期的，超过有效期会失效，需要刷新才能进行支付。另一方面，这样做可以确保资金安全，避免被恶意扫描和盗窃。

6.2 使用支付宝支付

支付宝也是主流的手机支付方式之一，只需在手机上打开支付宝应用，输入付款金额和收款人信息，即可完成支付。支付宝支付方便快捷，还支持多种支付方式和便捷的账单查询服务，让人们的生活更加便利。

支付宝的线下支付方式主要有"扫码"和"付款码"两种形式，与微信支付类似。用户需要先将可支付的银行卡绑定到支付宝账户上，并设置好支付密码。当需要扫码支付时，可以点击支付宝首页的【扫一扫】按钮进行扫码支付；当需要付款码支付时，则需点击【收付款】按钮进行付款，如右图所示。

扫码付款

出示付款码

6.3　使用手机向银行卡转账

使用手机转账是一种非常便捷的转账方式，可以不用跑银行营业网点，只需通过手机银行或第三方支付平台应用完成转账操作即可。同时，手机转账也具有较高的安全性，一般情况下需要进行短信验证或密码验证，确保转账安全。

注意，在进行银行转账时，一定不要给陌生人转账，大额转账时要慎重，遇到无法识别真实的情况，要向家人求证。

1. 使用支付宝向银行卡转账

下面以"支付宝"为例，讲述如何向银行卡转账。

❶ 打开支付宝，在首页中点击【转账】按钮，如左下图所示。

❷ 进入【转账】界面，点击【转到银行卡】按钮，如右下图所示。

❸ 输入收款人的姓名、卡号及银行信息，然后点击【下一步】按钮，如下页左图所示。

❹ 输入转账金额，点击【转账】按钮，如下页右图所示。

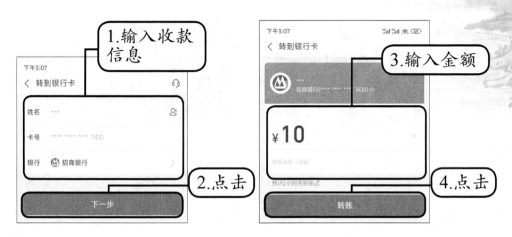

5 选择要转账的银行卡，点击【确认付款】按钮，如左下图所示。

6 输入支付密码，转账完成后，点击【完成】按钮即可，如右下图所示。

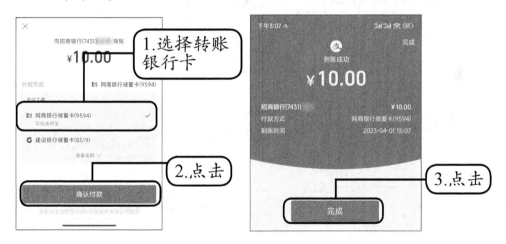

2. 使用银行客户端进行转账

用户还可以根据自己使用的银行卡，下载相应的客户端，如这里下载并安装"建设银行"客户端，进行转账。

1 打开银行客户端，点击【转账汇款】按钮，如下页左图所示。

2 进入【转账汇款】界面，点击【银行账号转账】按钮，如下页右图所示。用户也可以在常用收款人列表中，选择收款人。

❸ 在【转账】界面，输入收款信息，点击【下一步】按钮，如左下图所示。

❹ 弹出【转账】窗格，输入手机验证码，点击【确认】按钮，如右下图所示。

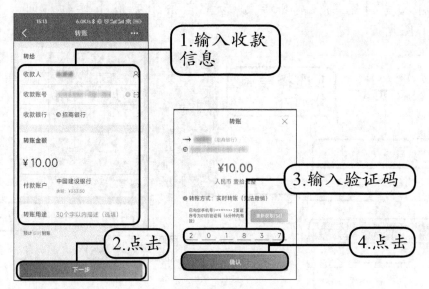

❺ 提示转账完成后，即表示转账成功，如下图所示。

提示 部分银行客户端会要求输入取款密码，然后再输入短信验证码，进行转账，也会根据转账情况，使用人脸识别进行验证。

6.4 给手机充值话费

给手机充值话费是一种方便快捷的支付方式，可以通过手机运营商官方应用、第三方平台及手机银行等完成。只需要输入需要充值的手机号码和充值金额，选择支付方式后进行确认，就可以完成充值。充值成功后，通常只需要等待几分钟即可到账，非常方便快捷。

下面以"中国联通"应用为例，讲述如何使用手机运营商官方应用进行充值，用户可以选择自己的手机运营商应用，如中国移动、中国电信及中国广电等。另外，也可以选择通过支付宝、微信等进行充值。

❶ 启动并登录手机运营商应用，点击【交费】按钮，如左下图所示。

❷ 进入交费界面，默认号码为登录应用的手机号，也可以修改手机号，然后选择充值金额，点击【立即交费】按钮，如右下图所示。

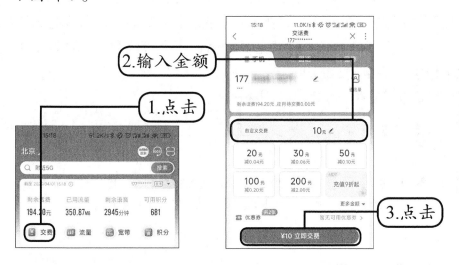

> **提示** 用户使用手机运营商应用，还可以查询话费、流量等。

❸ 在弹出的支付窗格中，选择付款方式，如点击【微信】单选项，然后点击【确认支付】按钮，如下页左图所示。

❹ 根据提示进行支付后，即返回中国联通应用，并显示交费成功信息，如右下图所示。

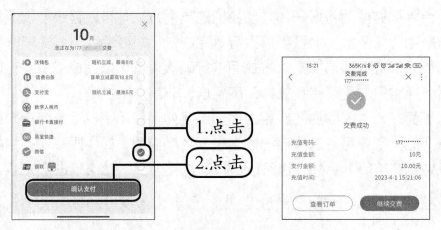

6.5 不出门完成水电气缴费

老年人可以通过手机支付方式，例如第三方支付或手机银行平台的生活缴费服务，在不出门的情况下完成水电气缴费。只需打开手机应用，选择缴费项目，输入缴费金额和缴费账号等信息后，选择支付方式进行支付，等待缴费成功即可。

下面以"支付宝"为例，进行介绍。

❶ 打开"支付宝"，点击首页的【生活缴费】按钮，如左下图所示。

❷ 进入【生活缴费】界面，选择要缴纳的费用，如"水费"，点击右侧的【立即添加】按钮，如右下图所示。

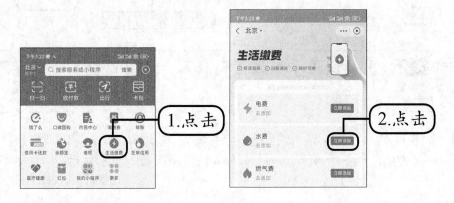

> 📝 **提示** 首次缴纳需要添加水电气信息，再次缴纳时通过保存的信息进行缴纳即可。

❸ 可通过缴费账单或短信信息，选择所在的城市，并选择缴费单位，如左下图所示。

❹ 输入缴费编号，然后设置分组，点击【下一步】按钮，如右下图所示。

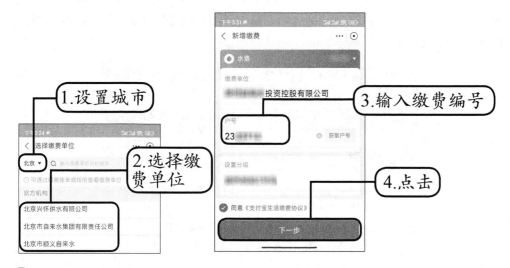

❺ 进入左下图所示的界面，确认缴费信息，并输入金额，点击【立即缴费】按钮。

❻ 缴费成功后，进入右下图所示的界面，点击【完成】按钮退出即可。

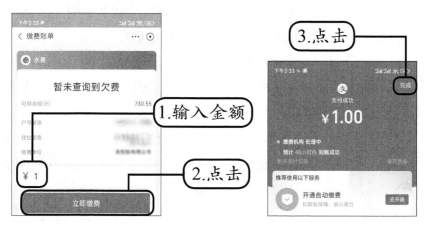

6.6 学会使用手机进行网上购物

使用手机网上购物，老年人不必花费时间和精力出门购物，同时能够比较不同商家和产品的价格和质量，更加明智地做出购买决策。

1. 网上购物有哪些步骤

目前电商平台有很多，如淘宝、京东、拼多多，还有通过直播带货的抖音、快手等直播平台。不管在哪家购物平台购买商品，其操作流程基本一致，如下图所示。

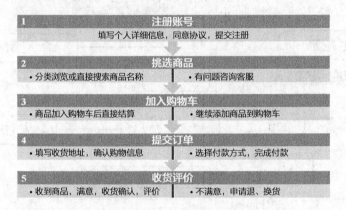

2. 老年人网上购物需要注意什么

虽然网络购物如今已经很成熟，但是依然存在着诸多陷阱，因此要时刻警惕，防止上当受骗。下面列出一些网络购物的注意事项。

（1）选择正规的网络购物平台。在选择购物平台时，一定要选择知名度高、口碑好、官方认证、实行实名制的网站。

（2）货比三家。在选择商品时，可以选择一些销量好、评价好、卖家信誉好的商品，多方对比，如哪家更优惠、质量更有售前售后保障，但不要受广告所蛊惑。

（3）与商家交流。在购物时，一定要使用网站认证的交流工具，要和卖家确认商品的质量、规格、数量、发货方式、发货时间、质量问题处理方式等，对于交流的信息一定要保存完整，这样在出现问题时，保存的信息可作为证据维护自己的权益。切勿通过添加微信转账的形式进行购买。

（4）打款给卖家。在没有收到货物时，一定不要确认收货打款给对方，如果收到货物且没有问题，再进行确认收货操作。

（5）合理处理纠纷。如果收到商品，请及时核实数量、规格等，是否与订单一致，如果出现问题，请及时联系卖家协商解决，如申请退换货、退款等，如果卖家违反交易约定或不予解决，可通过官方客服介入，进行维权。

3. 在京东平台购买商品

下面以"京东"为例，介绍如何在该平台购买商品。

1 下载并安装"京东"应用，点击【我的】界面中的【登录/注册】按钮，如左下图所示。

2 进入登录界面，应用自动识别手机号，可点击【本机号码一键登录】按钮，即可登录，也可以点击【其他方式登录】按钮，选择其他手机号或微信等进行登录，如右下图所示。

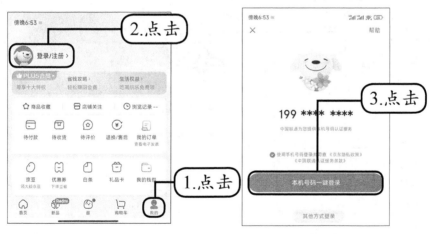

3 登录账号后，可以看到账号信息，如下页左图所示。如果是首次登录，则需根据提示绑定银行卡并实名认证，然后点击⚙按钮，进入【账户设置】界面，点击【地址管理】选项，添加收件地址。

4 点击底部的【首页】按钮，可以看到不同的分类，用户可以根据需求查找商品，如下页右图所示。

❺ 用户也可以在搜索框中输入要购买的商品，如输入"大米"进行搜索，即可看到搜索的结果，可以通过销量、价格、品牌等，进行筛选，点击要查看的商品，如左下图所示。

❻ 进入商品页面，可下滑页面查看详情页。如果要购买该商品，可以点击【加入购物车】按钮，将商品添加到购物车，然后点击【购物车】按钮，一并提交订单即可。也可以点击【立即购买】按钮，直接购物，如右下图所示。

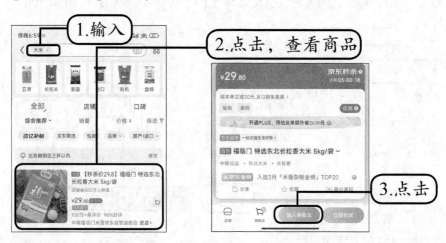

提示 在选购商品时，商品如有 自营 标识，则表示该商品为京东自营商品，如果没有则表示该商品属于第三方店铺。京东自营商品优点是京东配送，通常可以当天达或次日达，在提交页面会显示配送时间，另外，自营商品在质量和售后上保障性强。

7 进入【填写订单】界面，选择地址信息后，可以看到配送时效，然后点击【提交订单】按钮，如左下图所示。

8 进入支付页面，用户可以选择要支付的银行卡，也可以选择微信、云闪付等第三方平台进行支付，还可以邀请微信好友代付。选择支付方式后，点击【确认付款】按钮进行付款即可，如右下图所示。

4. 如何进行退换货操作

如果对收到商品不满意或不合适，可以通过退换货的方式进行售后处理。

1 在【我的】界面，点击【我的订单】按钮，如左下图所示。

2 进入全部订单页面，可以查看购买的商品订单。在要退换的订单下，点击【退换/售后】按钮，如右下图所示。

❸ 进入【退换/售后】界面，在【售后申请】列表中，点击商品右下方的【申请售后】按钮，如左下图所示。

❹ 选择售后类型，如点击【退货】选项，如右下图所示。

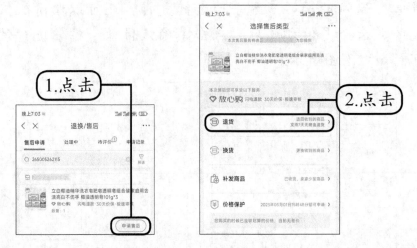

❺ 进入【退货】界面，选择申请原因及理由，然后选择退回的方式后，点击【提交】按钮，即可提交审核，待客服同意后，即可将商品退回，如下图所示。退回后，用户可以在【退换/售后】界面查看进度情况。

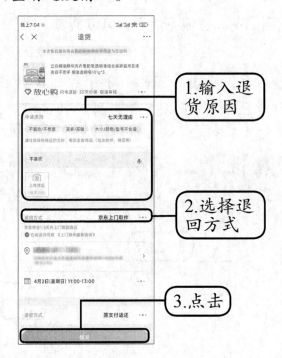

高手私房菜

技巧1: 用二维码进行收款

手机收款是一种方便快捷的支付方式, 例如去卖废品时, 进行收款, 没有对方好友, 可以使用微信或支付宝的收款功能。下面以微信为例进行介绍。

1 打开微信, 点击【收付款】界面的【二维码收款】选项, 如左下图所示。

2 进入【二维码收款】界面, 将二维码出示给付款方, 进行扫码收款即可, 如右下图所示。也可以点击【设置金额】按钮, 设置指定金额。

技巧2: 没拿银行卡, 用手机存取现金

出门在外如果有现金的存取需求, 且没有带银行卡, 也可以进行存取款。用户可以通过手机上的银行客户端, 扫描自动存取款机上的二维码, 进行存取款操作。下面以"中国建设银行"为例, 介绍其方法。

1 在银行自动存取款机上, 选择【扫码取款】或【扫码存款】按钮, 然后打开手机银行客户端, 点击界面中的【扫一扫】按钮, 如下页左图所示。

2 进入【扫码办理】界面, 点击【确定】按钮, 如下页右图所示。然后根据自动取款机的提示，输入取款密码或短信验证码，输入无误后，进行存取款操作即可。

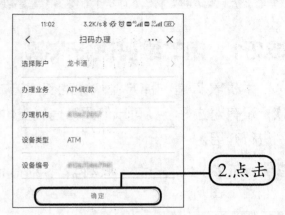

日常健康医疗

学习目标

　　手机为老年人日常健康医疗带来了诸多便利，例如可以通过手机上的健康管理软件记录自己的健康状况，也可以通过手机上的医疗服务平台在线咨询医生、预约挂号、查看医疗报告等，节省了很多时间和精力，还可以通过安装健康生活类应用，获得健康饮食、运动锻炼等方面的指导和建议。

学习内容

- 注意使用手机时长
- 跟着手机学健身
- 使用手机挂号和查看检查报告
- 使用电子医保
- 在线买药

7.1 合理使用手机，注意用眼疲劳

老年人使用手机时需要注重使用时间，避免过度使用造成身体不适或产生其他健康问题。长时间使用手机会导致手指、手腕、颈部和眼睛等部位的疲劳和不适，容易引起肌肉疼痛、头痛、视力下降等问题。因此，老年人在使用手机时需要控制使用时间，避免长时间连续使用，建议每隔一段时间休息一下或者选择其他方式进行休闲娱乐。

在使用手机时，建议老年人根据自己的需要调整屏幕亮度和字号大小，以减少对眼睛的刺激。

另外，老年人在使用手机时应该注意时间的限制，不要长时间连续使用，建议每隔一段时间休息一下。可以通过手机自带的"屏幕时间管理"软件，查看手机使用情况，也可以设置使用限制。

❶ 打开【设置】界面，点击【屏幕时间管理】选项，如左下图所示。

❷ 在【看板】界面，用户可以看到每日或每周的手机使用时长情况，如右下图所示。

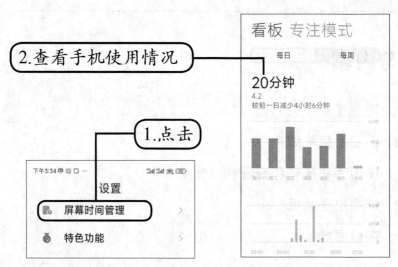

❸ 向下滑动可以看到应用的使用时长情况，及手机解锁情况，如下页左图所示。

❹ 用户也可以将【设备使用限制】右侧的按钮设置为"开"，

通过设置时长来约束自己使用手机的时间，如右下图所示。

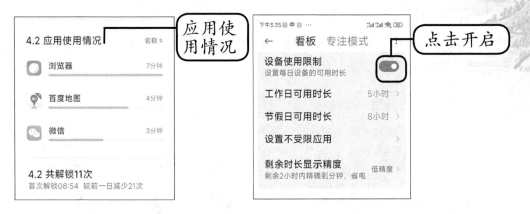

7.2 跟着手机学健身

老年人可以通过视频或专业的健身应用，学习健身知识和跟着练习健身操，以改善身体健康和锻炼身体。健身类的应用有很多，如Keep、咕咚、华为运动健康、小米运动健康等，用户可以根据喜好进行选择，本节以"Keep"为例，进行介绍。

❶ 下载并安装"Keep"应用，启动进入首页，可以看到不同类型的运动，如跑步、行走、骑行等，用户可以根据自己身体情况选择合适的运动，如左下图所示。

❷ 例如，在搜索框中输入"八段锦"，即可搜索到相关的课程，如右下图所示。

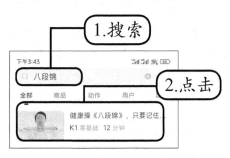

📝 **提示** 八段锦、五禽戏、太极、广播操等，较适合老年人锻炼。

❸ 点击要查看的课程，点击【开始第1次训练】按钮，即可开始训练，如左下图所示。

❹ 此时，将手机放置在合适位置，跟着训练即可，如右下图所示。

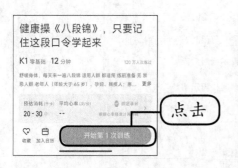

> **提示** 部分课程可能需要付费会员才可以观看训练，如无必要，选择免费课程即可。

7.3 使用手机预约挂号就诊

老年人使用手机预约挂号是一种方便快捷的医疗服务方式，可以提前预约医院的号码，避免当天在医院挂号，导致排号时间过长的问题。

在手机上预约挂号，主要通过支付宝、微信的医疗健康服务或医院的公众号、小程序进行，其方法大同小异，下面以"支付宝"为例，介绍其方法。

❶ 打开支付宝，点击【医疗健康】按钮，如左下图所示。

❷ 在【挂号就诊】区域下，用户可以按医院或科室进行查找和挂号，例如点击【按医院挂号】按钮，如右下图所示。

> **提示** 首页如无【医疗健康】按钮，可点击【更多】按钮，进入【应用中心】界面查看并点击该按钮。

❸ 此时会根据距离显示附近的医院，用户可下滑列表进行查看，也可以通过搜索框或筛选进行精确查找，如左下图所示。其中标有"医院官方"标识，表示为医院的小程序，如标有"阿里健康"标识，则表示为第三方阿里平台的小程序。

❹ 点击【门诊挂号】按钮，此时可能会提示选择"当日挂号"或"预约挂号"，用户可以根据需求进行选择，如右下图所示。

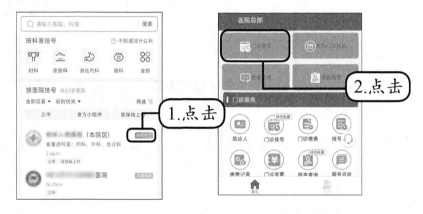

❺ 用户可以根据情况选择要挂号的科室，如左下图所示。

❻ 进入【选择医生】页面，选择要预约的时间及医生，如右下图所示。

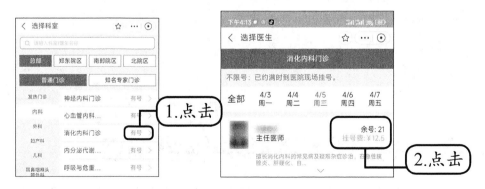

❼ 进入排班表后，点击上午或下午的号段，如下页左图所示。

⑧ 进入"医生详情"页面，选择就诊人及就诊时间段，然后点击【确认预约】按钮，如右下图所示。

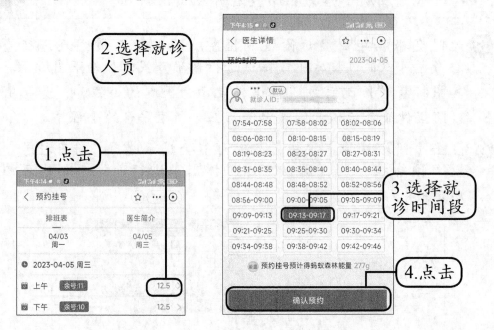

2.选择就诊人员

1.点击

3.选择就诊时间段

4.点击

提示 此页面中要求添加就诊人，需要先添加就诊人信息，然后再进行预约。

---

⑨ 进入【确认挂号】界面，点击【确认支付】按钮，如右图所示，支付成功后，即表示挂号成功。后面就可以在预约的时间，拿着医保卡或身份证到医院的取号机或分诊台领取纸质挂号单即可。

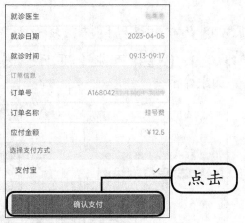

点击

7.4 在线查看医院的检查报告

目前大部分医院支持在线查看各种检查项目的结果报告，用户可以通过手机，在医院公众号或小程序进行查看，避免因传统的纸质报告容易遗失或错过检查结果的情况。

❶ 用户登录所就诊的医院指定的官方公众号或小程序，点击
【报告查询】按钮，如左下图所示。

❷ 在弹出的【报告查询】窗格中，选择要查看的是检验报告还
是检查报告，如右下图所示。部分医院可能会要求进行人脸
识别，识别通过后，即可查看。

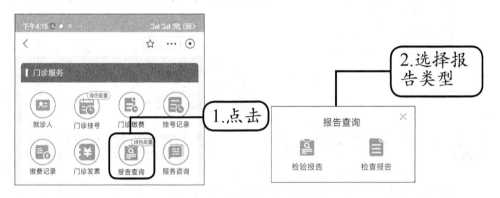

> 📝 **提示** 检验报告主要是化验人体某些成分的报告，例如
> 血常规、尿常规等。检查报告是指检查身体器官部位
> 的报告，例如CT、心电图、核磁共振等。

7.5 使用电子医保支付医药费和报销

在医院就诊时，我们无须携带实体医保卡，使用电子医保卡就可以
使用余额支付医药费，还可以在符合报销的情况下实时结算报销。

我们只需在支付宝或微信等平台，激活自己的电子社保卡，在支付
费用时，调出社保卡二维码，进行支付即可。

❶ 以"支付宝"为例，进入【医疗健康】界面，点击【医保电
子凭证】按钮，如下页左图所示。

❷ 进入【医保】界面，如果首次使用未激活，则点击【无需证
件 刷脸激活】按钮，根据提示获取医保电子凭证，如下页右
图所示。激活后，在今后的就诊过程中既可使用医保电子凭
证刷码支付，也可以查看余额、使用记录等信息。

7.6 "网订店送"，让买药更方便

　　不用去药店，手机上一点，配送员就可以快速将药品送到手中。目前有很多支持线上买药的应用，如京东到家、饿了么、美团等，有的店铺还支持24小时营业，线上下单，半小时或1小时就可以送到，方便快捷。

　　下面以"京东到家"为例进行介绍。

❶ 下载并安装"京东到家"，打开应用并点击首页的【买药】按钮，如左下图所示。

❷ 搜索要购买的药品，即可显示当前售卖该药品的商家，点击药品信息，如右下图所示，即可进入商家店铺并显示所选药品。

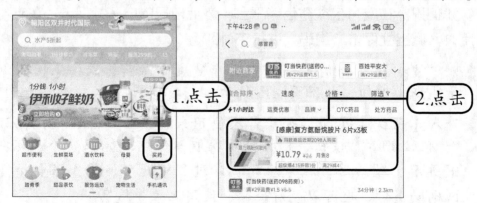

> **提示** 在首页左上角会显示自动获取的当前定位信息，如果送药地方不是在该位置，需要点击定位信息右侧的 ✉ 按钮，选择大致位置或添加收货信息，因为商家派送都有距离范围，地点不同显示附近的商家也不同。

❸ 点击价格右侧的 ⊕ 按钮，添加到购物车，如左下图所示。

❹ 通过该方式添加要购买的药品，此时点击购物车图标，可以查看或删除购物车中的药品，无误后，点击【去结算】按钮，如右下图所示。

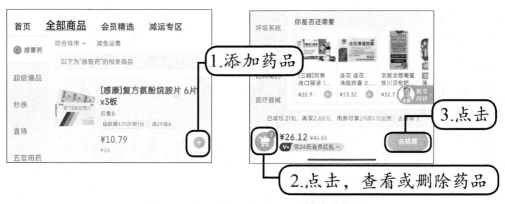

❺ 此时选择配送地址和送达时间，点击【提交订单】按钮，进行微信支付即可完成下单，等待药品送达即可，如右图所示。

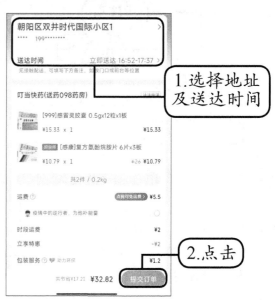

高手私房菜

技巧1：如何查看每天的运动步数

老年人习惯每天散步，可以在手机中查看步数数据，以帮助自己了解每天的运动情况。一般各品牌手机都自带健康运动应用，我们打开应用可查看运动的步数情况，如右图所示。另外，也可以通过微信查看数据，不仅可以查看自己的，也可以查看微信好友的。

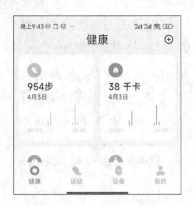

❶ 打开微信，搜索"微信运动"，并点击搜索的结果，如左下图所示。

❷ 进入右下图所示的界面，点击【启用该功能】按钮。

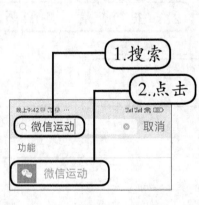

❸ 启用该功能后，点击【进入微信运动】选项，如下页左图所示。

❹ 进入下页右图所示的界面，显示按步数多少排列的排行榜，并显示了自己的步数情况及排名。另外，也可以在好友步数数据后面进行点赞。

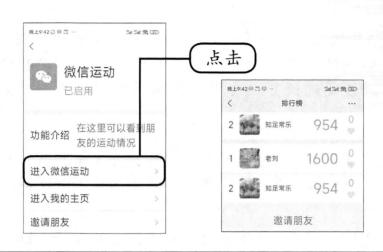

> ✎ **提示** 本界面仅显示启用该功能的好友运动数据，用户也可以点击【邀请朋友】按钮邀请朋友开启该功能。

技巧2：足不出户实现线上问诊

线上问诊使人们可以随时随地问诊，不用跑医院，更不用挂号，只需将症状、病例等情况告知线上医生，就可以诊断，方便快捷。

目前支付宝、微信及部分医院的官方公众号或小程序，支持在线问诊，用户可以根据情况选择。支付宝和微信的在线医生为全国范围内的，而地方医院的在线问诊是本院的医生，下面以"支付宝"为例进行介绍。

❶ 打开支付宝，进入【医疗健康】界面，点击【在线问诊】按钮，如左下图所示。

❷ 进入右下图所示的界面，用户可以通过搜索或者分类选择需求。

> 📝 **提示** 线上问诊适合一些非急性的轻微症状疾病，或已理解病情进行咨询开药的，也可以咨询体检报告等，其他情况还是建议去医院进行详细问诊或检查，以免耽误病情。

③ 如搜索症状，即会显示相关的医生，并显示其简介及费用情况，在需要问诊的医生下面，点击【问医生】按钮，如左下图所示。

④ 进入【医生主页】界面，可以查看医生的详细介绍及评价，确定问诊后，选择图文咨询或电话咨询的方式，点击其右侧的【去咨询】按钮，如右下图所示。

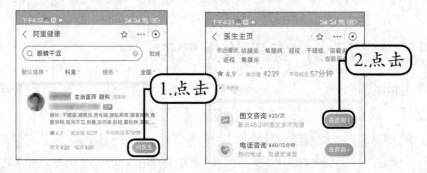

⑤ 例如进入图文咨询界面，根据提示输入自己的症状、患病时长、年龄及用药情况等，如左下图所示。

⑥ 信息填写完成后，点击【去支付】按钮，即可进行交流，并可按医生的医嘱进行买药，如右下图所示。

第 8 章

玩转交通出行

学习目标

不管是日常出门还是外出旅游，手机给我们带来了巨大的便利，可以查地图、坐公交、乘地铁、呼叫网约车、购车票等，让你的出行更加轻松。

学习内容

❀ 公共交通路线查询

❀ 用手机扫码，乘坐公共交通

❀ 在手机上呼叫网约车

❀ 用"12306"购买火车票

8.1 公共交通路线查询

使用手机可以帮助我们轻松找到出行的最佳路线，对于老年人来说，刚开始可能会有一些不熟悉的操作，但只要掌握了基本的技巧，就能够轻松地查询起点和终点，然后选择最合适的公共交通工具。

❶ 在地图应用中，输入起点和终点位置，在出行方式一栏选择【公共交通】选项，即可显示相关的路线，用户可以根据情况进行筛选，如地铁优先、少步行、时间短等，如左下图所示。

❷ 点击要查看的路线，即可显示路线的详情和上下车情况，以及实时公交信息，如右下图所示。另外，也可以点击【开始导航】按钮，则会进行上下车提醒，防止坐过站。

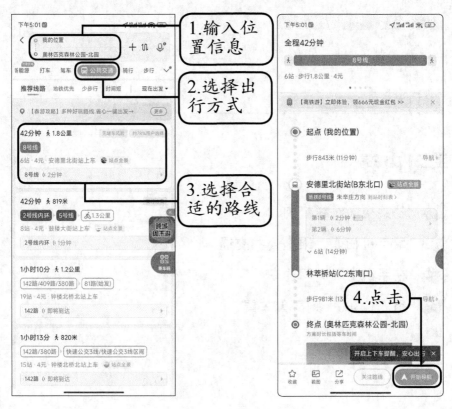

> **提示** 另外，也可以在地图应用的搜索框中直接输入要乘坐的公共交通，如"8路"或"2号线"等，界面就会显示相应的公交或地铁的路线情况。

8.2 用手机扫码，乘坐公共交通

在乘坐公共交通时，只需打开应用，出示乘车码，就能完成乘车和支付，使用这种方式还能够减少排队等待时间，提高出行效率。

目前支持乘车码的支付平台应用有很多，如支付宝、微信、云闪付及主流银行应用等，下面以"微信"为例介绍。

1 在微信搜索框中输入"乘车码"进行搜索，然后在结果中点击【小程序】下方的【乘车码】选项，如左下图所示。

2 进入右下图所示的界面，点击【公交】选项，点击下方的【去开通】按钮。

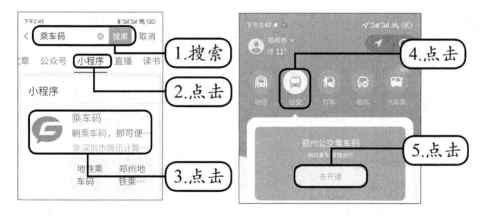

3 进入下页左图所示的界面，点击【立即开通】按钮。

4 弹出【获取你的手机号】窗格，默认获取微信绑定的手机号，如需使用其他手机号，则点击【使用其他手机号码】选项，进行添加即可，然后点击【允许】按钮，如下页右图所示。

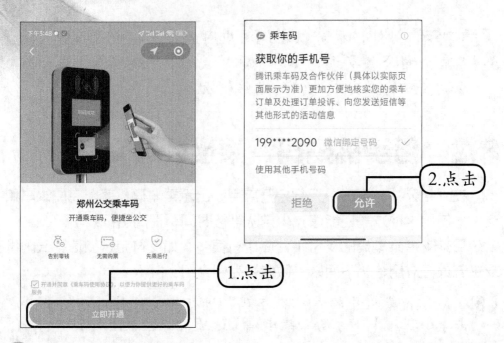

❺ 选择扣费方式，如零钱或某张银行卡，然后点击【开通】按钮，如左下图所示。

❻ 此时，在【乘车码–公交】界面，会显示乘车二维码，乘车的时候将该码对准公交车上的二维码识别器即可自动扣款，如右下图所示。

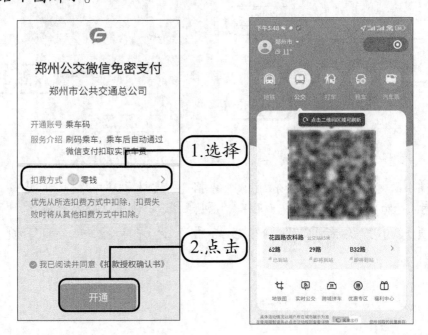

使用同样方法可以开通地铁的乘车码。另外，如果经常乘坐公共交通工具，可以点击【乘车码】小程序右上角的◢按钮，在弹出的窗格中，点击【添加到桌面】按钮，即可将乘车码添加到桌面，下次使用时，直接从桌面打开即可，更方便快捷，如下图所示。

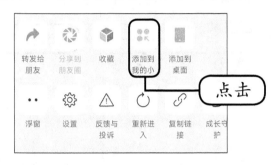

8.3　在手机上呼叫网约车

老年人也可以像年轻人一样呼叫网约车，这是一种便捷的出行方式，可以避免在路边长时间等待出租车，同时支付方式也非常灵活。

目前，支持打车的应用有很多，主要分为集合打车的平台（如支付宝、微信、高德地图、百度地图等）和专业打车的应用（滴滴出行、曹操出行等），用户可以根据需求选择，也可以对比这些平台，确定哪些平台更划算。下面以"高德地图"为例，其集合了主流的网约车品牌，叫车效率高，具体步骤如下。

❶ 下载并安装"高德地图"应用，启动应用后，点击界面底部的【打车】按钮，然后在其界面中可以选择上车位置和目的地位置信息，如下图所示。

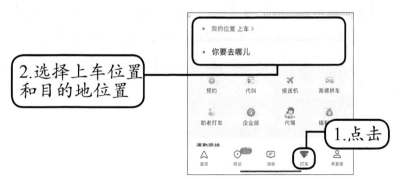

❷ 此时即会显示路线及各类网约车，用户可以根据情况选择特价车、经济型及出租车等，然后点击【立即打车】按钮，如下图所示。

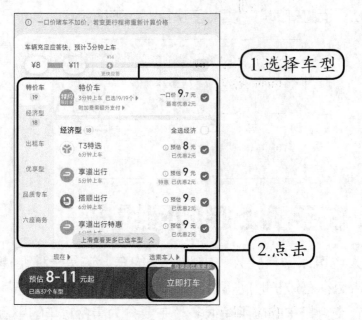

1.选择车型

2.点击

提示 如果年龄满60岁，可以点击【助老打车】按钮，约车界面更简单，还可以领取专用打车券，乘车更划算。如果未登录地图应用，此时会要求用户登录，只有使用手机号登录了，平台的司机才能联系到乘客。

❸ 进入下页左图所示的界面，点击【同意并授权】按钮。

❹ 此时即可派送订单，待平台司机接单后，会显示车辆车牌号、司机当前位置信息等，如需电话联系司机，可点击【打电话】按钮；如果需要取消订单，可点击【取消行程】按钮，如下页右图所示。当到达目的地后，用户根据提示选择支付方式，进行支付即可完成约车订单。

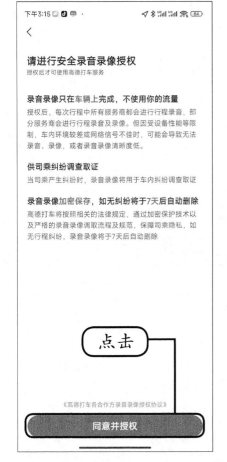

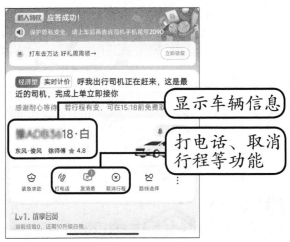

8.4 用"12306"购买火车票

目前，无论是汽车票、火车票或者机票，线上购买已经非常方便、快捷，只需在购票应用上输入出发地、目的地和出行时间等信息，即可查询并购买相应的车票或机票，还支持自由选择座位。对于高铁票，不用线下取纸质车票，直接刷身份证进站，出行更加轻松。

火车票的官方购票平台为"12306"，下面以此为例，介绍如何购买火车票。

1 下载并安装"12306"应用，启动进入界面后，点击【我的】按钮，然后点击【未登录】按钮，如下页左图所示。

2 进入【欢迎登录】界面，输入用户名和密码，点击【登录】

按钮，如右下图所示。如果首次使用，则点击【注册】按钮，填写信息进行注册即可。

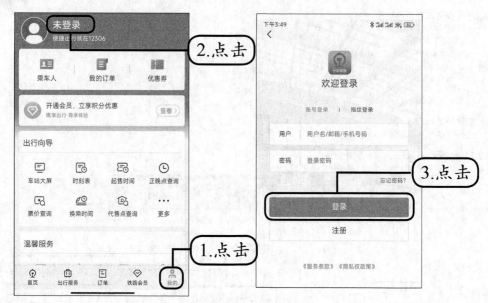

③ 登录后，点击底部的【首页】按钮，输入出发车站和到达车站，然后选择日期，点击【查询车票】按钮，如左下图所示。

④ 此时即可显示车次信息，用户可以进行筛选，如勾选【只看高铁/动车】复选框，如右下图所示。

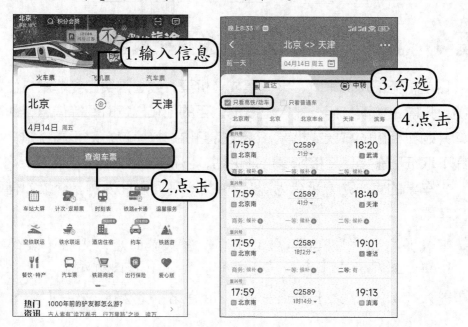

❺ 进入【确认订单】界面，添加乘车人信息及座位信息，然后点击【提交订单】按钮，如左下图所示。

❻ 点击【立即支付】按钮，如右下图所示。

❼ 弹出左下图所示的窗格，点击【去支付】按钮。

❽ 选择银行卡、支付宝或微信等方式，进行支付即可，如右下图所示。支付完成后，乘客会收到相关的订单信息和相关短信。

高手私房菜

技巧：和家人实时共享位置

当家人分散在不同地方、独自外出等，可以通过共享实时位置，让家人随时了解对方的位置和安全情况，还能够帮助老年人避免迷路、走错路线等问题，用户可以通过微信的"位置"功能实现，具体步骤如下。

1 在微信聊天界面，点击⊕按钮，弹出对话框，然后点击【位置】按钮，如左下图所示。

2 弹出右下图所示的对话框，点击【共享实时位置】选项。

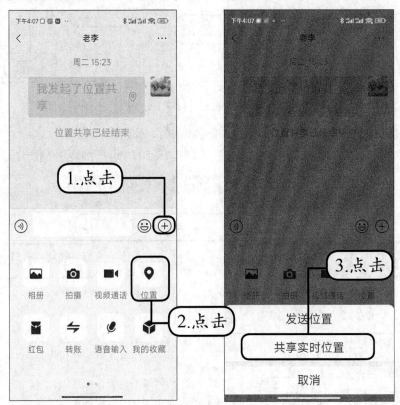

3 进入共享位置界面，可以看到自己的当前位置。

4 当微信好友加入进来，点击用户头像，可以看到对方的位置信息。通过做两指收缩动作，可以查看两人的距离信息。

防范电信诈骗

学习目标

　　随着互联网的快速发展及老龄人口的增加，老年人成为电信诈骗的主要目标。老年人在使用手机时，要时刻保持警惕，注意防范电信诈骗，有效地保护自己的财产安全。

学习内容

- 了解电信诈骗的常用手段
- 安全使用手机
- 使用"国家反诈中心"预防网络诈骗

9.1 电信诈骗的常见手段

随着互联网的发展，电信诈骗也越来越猖獗，而针对老年人的电信诈骗更是屡见不鲜。下面我们就来了解一下针对老年人的电信诈骗的常见手段。

（1）投资理财骗局

不法分子通过电话、微信等方式向老年人推销所谓的高收益投资理财产品，往往声称有专业的分析团队，能够帮助老年人获取高额利润。老年人往往会因为贪图高收益而被骗子所骗，最终导致财产损失。

> **提示** 购买理财产品应到正规的机构，且建议与子女沟通，凡称无风险或高收益的，都是骗局。

（2）保健品骗局

不法分子采用"免费体验""免费礼品""专家义诊"等形式，通过添加微信或发送短信，向老年人推销保健品，夸大产品功效，利用话术骗取老年人的信任后，诱导老年人以高价购买大量假冒伪劣的保健品。

> **提示** 不可轻信神医、神药，治病务必到正规的医疗机构，凡称包治百病的保健品都是假的。

（3）冒充公检法的工作人员

不法分子会冒充公检法的工作人员，通过电话或短信向老年人索要钱财甚至以涉嫌犯罪为威胁，让老年人转移钱财到指定账户，达到骗取钱财的目的。

> **提示** 陌生人电话不轻信，不透露个人信息，不转账，如有疑虑请拨打110咨询。

（4）中奖骗局

这是一种常见的电信诈骗手段，不法分子通过发送短信或微信朋友圈，诱导老年人扫描二维码或点击链接领取奖品，然后要求输入个人信息或支付一定费用才能领取，最终导致个人信息泄露或财产损失。

> **提示** 收到任何中奖信息请勿轻信，不点击任何短信链接或扫描陌生二维码。

（5）补领养老金

不法分子冒充公检法的工作人员，通过电话、短信等方式向老年人发送虚假的罚款通知或者涉案调查通知，声称需要老年人提供个人信息或者支付一定的费用才能解决问题。老年人往往会因为害怕而被骗子所骗。

> **提示** 建议咨询子女或前往当地社保机构咨询，不以任何形式向陌生人转账。

（6）冒充亲朋好友

不法分子会冒充老年人的亲戚或好友，通过电话或短信等方式向老年人借钱或者要求老年人将自己的银行卡信息告诉对方。

> **提示** 不要轻信陌生人的话，要先核实对方的身份，可以通过电话或者其他方式联系本人或者亲朋好友。

（7）"温情"骗局

不法分子主要以"空巢"老年人为目标，冒充志愿者、慈善机构等，声称要关心、照顾老年人，通过心理关爱、志愿者服务、直播陪护、慈善捐助等方式赢取信任，骗取钱财。

> **提示** 老年人要树立防范意识，不要轻信别人的话，要到正规的慈善机构寻求帮助。

（8）扫码领礼品

不法分子通过礼品诱导老年人扫描指定二维码或下载应用，有的会录制各种眨眼、抬头、转头等小视频，骗取个人信息，实施诈骗。

> **提示** 扫码、下载免费领取礼品的活动请勿相信，天上不会掉馅饼。

（9）低价旅游

不法分子通过电话、微信，以低价旅游的形式诱骗老年人参与旅游活动，然后再通过强制、诓骗、捆绑等手段，诱骗老年人以高价购买假冒伪劣的商品等。

> **提示** 旅游找正规机构，并签署旅游合同。旅游中，购买物品要索取购物凭证，以便事后维权。

除了上述列举的9种，还有很多新的电信诈骗手段，但其最终目的是骗取钱财。老年人要记住不贪图便宜、不碰不擅长的东西、不轻信陌生电话短信，保护自己的个人信息，不向任何陌生人转账，凡事和子女沟通，即使受骗，也要报警处理。

9.2　如何使用手机才安全

为了使用手机更加安全，我们要采取一些措施或掌握一定的知识，避免电信诈骗和隐私泄露等问题。

（1）设置手机的密码

在使用手机时，一定要设置手机的解锁密码，如常规密码、指纹识别、人脸识别等，这样可以确保手机中的个人信息安全，即便手机丢失了，也让不法分子无法轻易获取手机中的个人信息。具体设置方法参见1.13节。

（2）开启来电和短信骚扰拦截

拦截骚扰电话和短信，有助于降低接到诈骗电话、广告推销等的频率，具体设置方法如下。

❶ 点击手机桌面上的【电话】图标，打开左下图所示的界面，点击右上角的◎按钮。

❷ 点击【电话】界面中的【骚扰拦截】选项，如右下图所示。

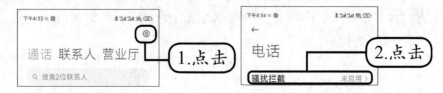

❸ 将【骚扰拦截】右侧的按钮设置为"开"即可，如果是双电话卡，则需要分别将卡1和卡2开启，如左下图所示。

❹ 点击【来电拦截】选项，用户还可以设置拦截的范围，如右下图所示。

（3）定时使用手机管家扫描修复

用户可以使用系统自带的手机管家，定时对手机进行扫描，可以查找和修复手机中存在的问题。下页左图所示为手机管家界面。

（4）不要从应用商店以外的地方下载应用

用户下载任何应用请从系统自带的应用商店下载，不要从网页、微信等其他平台下载应用，否则可能导致手机中毒或者被窃取钱财。在安装非官方应用时，会提示"检测到未知应用"，如下页右图所示，表示该应用有一定的风险，切勿安装。

（5）不要轻易点击链接

用户在微信、短信收到链接时，不要轻易点击陌生链接，如果没有甄别能力，建议不要点击任意链接，否则可能因为点击该链接，泄露个人信息或导致钱财被盗。

（6）不要将验证码及信息泄露他人

用户不要将任何短信验证码、手机安全信息、个人账户信息等，以任何方式告知他人。

（7）不要见Wi-Fi就连，见码就刷

用户在公共场所使用无线网络一定要慎重，不要随意连接，碰到二维码，也不要随意扫描，这些都容易暴露自己的个人信息。

9.3 使用"国家反诈中心"预防网络诈骗

"国家反诈中心"是一款由公安部门开发的手机应用，旨在帮助人们预防和应对各种形式的网络诈骗。该应用提供了多种实用功能，包括报案助手、来电预警、身份核实等，用户还可以通过该应用快速了解最新的诈骗信息和案例，提高自身的防范意识和应对能力。

1. 注册"国家反诈中心"

注册步骤如下。

❶ 下载并安装"国家反诈中心"应用，首次启动需要选择注册地区，提交后无法修改，建议选择居住地所在地区，然后点击【确定】按钮，如左下图所示。

❷ 进入【账号密码登录】界面，输入手机号和密码进行登录，如无账号则需点击【快速注册】按钮，如右下图所示。

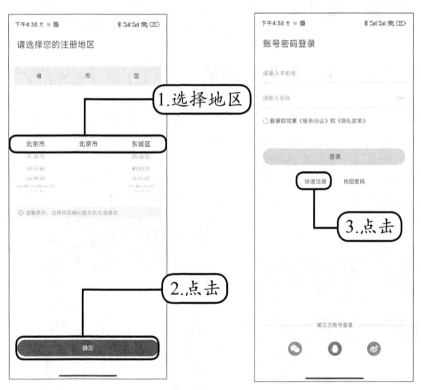

❸ 进入【注册账号】界面，输入手机号，点击【获取验证码】按钮，输入收到的验证码并填写设置的登录密码后，点击【注册即同意《服务协议》和《隐私政策》】前的单选按钮，然后点击【确定】按钮进行注册，如下页左图所示。

❹ 进入【个人信息】界面，点击【去身份认证】选项，填写姓名及证件信息，然后填写详细地址信息，即可完成注册，如右下图所示。

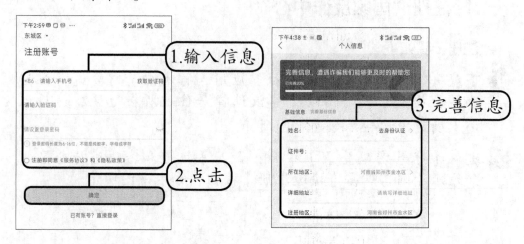

2. 开启"来电预警"功能

用户开启"来电预警"功能后，手机就自动处于保护之下，可以监控可疑的电话或短信，进行风险预警。

❶ 在首页点击【来电预警】按钮，如左下图所示。

❷ 弹出右下图所示的窗格，点击【立即前往】按钮。

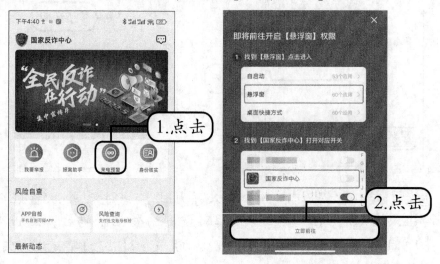

❸ 在【显示在其他应用的上层】界面，通过下滑浏览应用列

表，点击【国家反诈中心】选项，如左下图所示。

④ 点击【允许显示在其他应用的…】右侧的按钮，将其设置为"开"，如右下图所示。

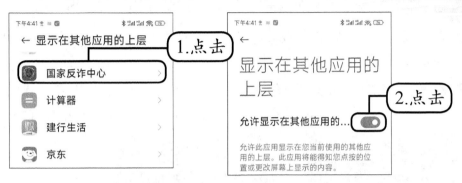

⑤ 执行返回命令，返回到【预警守护中】界面，点击【完成】按钮，如左下图所示。

⑥ 进入【来电预警】界面，即可看到【来电预警】和【短信预警】功能均为开启状态，表示已设置完成，如右下图所示。

3. 手机自测可疑App

通过"APP自检"功能，可以及时发现涉嫌诈骗的应用、恶意应用和安装包，当检测出可疑应用时，可以一键清除和一键举报。

❶ 在首页点击【APP自检】按钮，即可自动检测手机中的应用，如左下图所示。

❷ 检测完成后即可看到检测结果，另外用户也可以将"APP预警"功能开启，用于识别并预警诈骗的应用，如右下图所示。

 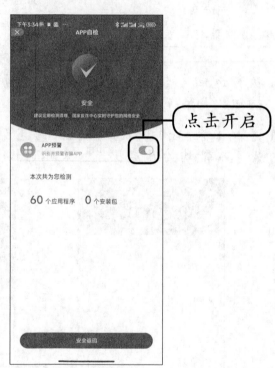

点击开启

4. 进行风险查询

当遇到陌生或可疑的支付账号、IP/网址及QQ/微信，用户可以通过"风险查询"功能，查询其是否涉诈。

❶ 在首页点击【风险查询】按钮，进入下页左图所示界面，将要查询的内容输入或粘贴到文本框中，点击【立即查询】按钮。

❷ 即可查询该内容的风险，但当提示"未知"表示该内容并未

被列为"风险"内容，不过并不代表没有风险，谨慎考虑即可，如右下图所示。

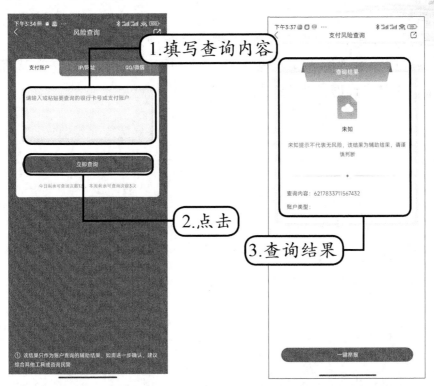

高手私房菜

技巧：注意接听反诈专线——96110

96110是全国统一的公安部门设立的反诈骗劝阻预警咨询电话。如果你接到来电显示为"公安反诈专号"或"96110"的电话，一定要及时接听！这说明你或你的家人可能正在遭遇电信诈骗，又或者你属于易受骗的高危人群，警察通过96110电话向你发出预警，要耐心听取警察劝阻和意见，避免上当受骗。

在遇到疑似电信网络诈骗时，也可以致电96110进行咨询，会有专业的工作人员帮助你进行分析和解答，起到防范的作用。另外，你可以通过96110举报电信网络诈骗的行为，以防止更多的人被骗，并为公安部门提供有力的线索，加大打击力度。同时，可以通过"国家反诈中心"应用，加强防骗知识的学习，提高防范意识，避免成为电信诈骗的受害者。

需要注意的是，96110号码仅用于反诈预警劝阻和防骗咨询，而不是报警电话，如果你遭遇电信诈骗，不要担心家人责备而选择认栽，应第一时间拨打110报警求助去挽回损失。